让科学发声

——首都科学讲堂2020年集萃

马 林 主编

中国铁道出版社有限公司
CHINA RAILWAY PUBLISHING HOUSE CO., LTD.

图书在版编目(CIP)数据

让科学发声：首都科学讲堂2020年集萃/马林主编.—北京：中国铁道出版社有限公司，2021.12
ISBN 978-7-113-28379-7

Ⅰ.①让… Ⅱ.①马… Ⅲ.①科学研究-研究报告-中国-2020 Ⅳ.①G322

中国版本图书馆CIP数据核字(2021)第181674号

书　　名：让科学发声——首都科学讲堂2020年集萃
RANG KEXUE FASHENG
SHOUDU KEXUE JIANGTANG 2020 NIAN JICUI

作　　者：马　林

责任编辑：陈晓钟　　读者热线：(010)51873697
封面设计：吉　振
责任校对：安海燕
责任印制：赵星辰

出版发行：中国铁道出版社有限公司（100054，北京市西城区右安门西街 8 号）
印　　刷：北京柏力行彩印有限公司
版　　次：2021年12月第1版　2021年12月第1次印刷
开　　本：700 mm×1 000 mm　1/16　印张：13　字数：237 千
书　　号：ISBN 978-7-113-28379-7
定　　价：68.00 元

编 委 会

序 言

《让科学发声——首都科学讲堂2020年集萃》是一本由杰出科学家和首都科普工作者们联袂打造的科普读物。该书分为“守护生命”“美好生活”“求真探索”“科技之光”“星辰大海”五个主题，精选了2020年“首都科学讲堂”的丰富内容，是对中国智慧新成果、人类智慧重大进展的详实记录。把视频变成图书，把演讲落成文字，这些知识便以更加隽永的意蕴，留在了纸端之上、墨香之中，让目光在字里行间就能引发思考，带来启迪。这也让创新的星空更加迷人，更加深邃。

2020年最后一天的晚上，《首都科学讲堂2021科学跨年之夜》特别节目在北京广播电视台科教频道播出，人民日报、央视频、北京时间、腾讯新闻、百度、北京科协、数字北京科学中心、科学加、科协频道等新媒体网络平台同步播出。薛其坤、胡伟武、金涌、王中林等11位杰出的科学家，以“唱响科技进步新时代，展望创新发展新未来”为主题，围绕当前科学热点话题，为公众带来了一系列精彩纷呈的重磅演讲。这种利用重磅电视节目实现全媒体联动、全方位互动的方式，在全社会倡导了“科学跨年”的新风尚，将科学精神、科学方法巧妙地融入科学知识的传播中，实现了科普理念与实践的升级，体现了浓厚的科学情怀，受到广大公众的热烈响应。节目一经播出，即引发了巨大的反响，播出量逾600万次，微博讨论量超3000万条。这是科学的力量，是知识的力量，也是首都科普工作的力量。

节目播出后，许多观众提出建议，认为这场知识盛宴机会难得、内容宝贵，希望能够以更多的方式和途径对节目内容乃至全年的首都科学讲堂内容进行持续的学习和了解。应社会需要，出于推进首都科普工作高质量发展的初心和使命，北京市科协经过研究，决定将首都科学讲堂全年内容以图书的形式尽快地整理结集出版。除演讲实录外，书中还配有大量的节目现场盛况和相关知识拓展的图片，既专业又生动，具有很强的可读性。

总的来看，该书有以下四个主要特点。

一是作者权威。书中各章节内容的讲述者几乎都是我国在相关领域有重大贡献的科学家。他们中有院士、首席专家，有研究员、教授，有重大科技奖项获得者和科普专家等。他们在各自领域浸淫多年，拥有深厚的专业素养与敏锐的专业眼光。从刘德培院士关于科学家精神的解读引出全书主线，到对“守护生命”的思考与探讨，从“美好生活”勾勒人类前景，到“求真探索”带来无限可能，从“科技之光”照亮人类未来，到“星辰大海”拓展无限空间，每一个篇章，每一部分内容，都由薛其坤、金涌、王中林、吴尊友等领域权威亲述而成。这些文稿是科学家的讲述，更是新时代的讲述；是中国科技、中国发展的讲述，更是中国智慧、中国贡献的讲述。这些文稿以专业知识打底，以科学精神贯通，以公众关切为着眼，以科学普及为目标，兼具高度、广度、深度，对公众而言是不可多得的知识富矿。

二是内容专业。书中各篇章除了粮食安全、新能源、创新创造等科学热点，更瞄准人工智能、量子信息、生命健康、空天科技等前沿领域。可以说，全书站在了百年未有之大变局和中华民族伟大复兴战略全局的高度，上及旷阔的宇宙，下究渺小的量子，向外关心疫情，向内讨论好奇心，横看各类新材料、新技术、新进步，纵览我国在相关科技领域的进展、位置与前景。这些正是对“面向世界科技前沿、面向经济主战场、面向国家重大需求、面向人民健康”的准确回应，也是对公众最关心、最贴近、最需了解的科学话题给出了最权威、最专业、最系统的科学解读。该书将科学精神、科学方法贯穿各处，融入每一个篇章之中，既是一道丰盛的思想大餐，更能为大家带来愉悦的阅读享受。

三是故事性强。参加首都科学讲堂的科学家们，不仅有着广受认可的学术地位，还活跃在科普工作一线，善于用大家喜闻乐见的文字和别具一格的风格将深奥的知识讲得通俗易懂，将复杂的原理阐述得深入浅出。在各个篇章中，都有大量生动而鲜活的典型案例作为论据和参考，比如我国在搞量子技术、搞芯片自主研发时有过哪些刻骨铭心的故事？中国北斗到底好不好，深空探测到底有多难？“敢为天下先”的中国科学家到底有着怎样的风采……一大批重大科研成果的创造故事，建设科技强国的奉献故事，国家科技发展的进步故事，弘扬和践行科学家精神的奋斗故事，都在书中精华荟萃。

四是可读性好。除了有很强的故事性，以及穿插大量的图片以外，全书的结构非常明晰，文风十分活泼。全书按照主题分别成章，既可以从头读起，也可以择章而阅。在每一篇中，大标题直击核心，小标题直观明了。为了充分适应当下传播的特点，书中大多使用短句子，简洁明快。有的科学家特别擅长科普演讲与写作，有的科学家特别善于运用比喻或者类比的手法，他们都能把复杂玄妙的科学问题讲得又直观又透彻，让人读来欲罢不能，沉浸其中。

习近平总书记强调：“科技创新、科学普及是实现创新发展的两翼，要把科学普及放在与科技创新同等重要的位置。”党的十九大报告也明确要“弘扬科学精神，普及科学知识”。近年来，北京市科协切实增强“四个意识”，坚定“四个自信”，坚决做到“两个维护”，提高站位，锐意改革，不断创新，并立足首都、面向全国，大力弘扬科学家精神，广泛开展科学普及活动，为提高公众的科学文化素质，推动在全社会形成讲科学、爱科学、学科学、用科学的良好氛围发挥了重要作用。

其中，“首都科学讲堂”是北京市科协自2007年起连续举办的科普品牌活动，截至2021年5月已举办近700期。经过持续的培育，尤其是近年来不断创新方法手段，“首都科学讲堂”积累了丰富的高端智力资源库，建立起了持续壮大、日益广泛的受众群体，并在首都内外取得了越来越大的影响力。

进入2021年，我国跨入了新发展阶段，正在乘势而上开启全面建设社会主义现代化国家新征程，向着第二个百年目标进军。“首都科学讲堂”内容转化成图书出版发行，不是终点，而只是“万里长征走完了第一步”，“如果这一步也值得骄傲，那是比较渺小的，更值得骄傲的还在后头”。接下来，我们必须坚持创新在我国现代化建设全局中的核心地位，把实现高水平科技自立自强作为国家发展的战略支撑，必须大力弘扬科学家精神和工匠精神，深入开展科学普及活动，推动全民科学素质持续提升。

衷心地希望这本书能够给读者带来收获，也衷心地盼望首都科学普及工作能够“苟日新，又日新，日日新”，让创新的星空更加璀璨，为建设世界主要科学中心和创新高地凝聚磅礴力量，为实现科技强国的愿景和中华民族伟大复兴的中国梦做出更大的贡献！

是为序。

2021 新年致辞

刘德培

北京市科学技术协会主席

中国工程院院士

中国医学科学院基础医学研究所分子生物学国家重点实验室主任

“2020 年是极不平凡的一年。新型冠状病毒肺炎疫情全球大流行，没有阻挡中国的科技发展。抗击疫情彰显中国科技力量，长征五号 B 运载火箭成功首飞，中国测量队成功登顶再测珠穆朗玛峰，北斗三号全球卫星导航系统正式开通，‘天问一号’发射升空奔向火星，‘奋斗者’号刷新载人深潜纪录，嫦娥五号携带月壤成功返回……捷报频传、喜报不断。科技成就令人瞩目，科技发展令人期盼。”

一元复始，万象更新。在2021年即将到来之际，我谨代表北京市科协向辛勤工作在全市各条战线上的科技工作者致以新年的祝福！向多年来关心和支持科协发展的各级党委、政府、有关部门和社会各界表示诚挚的敬意！

2020年是具有里程碑意义的一年。面对突如其来的新型冠状病毒肺炎疫情，北京市科协向首都科技工作者发出倡议书，广大科技工作者以高度的政治责任感和使命感，积极投身这场人民战争、总体战、阻击战，为取得抗击新型冠状病毒肺炎疫情斗争重大战略成果做出了重要贡献。

人间万事出艰辛，越是困难越向前。党的十九届五中全会确立了建设科技强国的重要战略目标，明确提出要坚持创新在我国现代化建设全局中的核心地位，把科技自立自强作为国家发展的战略支撑。在科学上没有平坦的大道，只有不畏劳苦沿着陡峭山路攀登的人，才有希望达到光辉的顶点。首都广大科技工作者要以习近平新时代中国特色社会主义思想为指导，准确把握改革发展面临的挑战和机遇，增强使命感和责任心，善于在危机中育新机、于变局中开新局，更加突出创新发展，积极推进国际科技创新中心建设，为首都高质量发展提供强大科技支撑。

初心如磐，使命在肩。让我们用拼搏与实干唱响新时代，用创新与探索畅想新未来！

院士专家寄语

创新创业是
社会进步的动力
是中华民族的禀赋
金涌

衷谢首都科学讲堂宣传
土地基本国策。
于6.25第30个全国土地日
郝芳

仰望星空
脚踏实地。
伟新
2020.07.03.

立足中国
放眼世界
胸怀宇宙

郑晓沧
2020年7月1日

发扬科学精神
传播科学知识

甘子钊
2020.8.5

生态保护 人人有责。

庞[illegible]
2020.7.30

应对气候变化
谁都不应是局外人

朱定真
2020年8月7日

让科学故事
会的故事
丰富多彩

刘嘉麒
2020.8.29

弘扬科学精神，
建设创新强国。

刘忠范
2020.10.10.

传播科学知识、
筑牢科学品格

胡隆宇
2020.12.7

培养好奇心，
鼓励探索，
是中华民族的
希望。

赵文津
2020.11.20

研究过去

思考未来

张柏春

二〇二〇年十月

量子科技

改变世界

期待下一代的

"量子原住民"！

常凯

2020.11.25

发展中国的真菌学，

让真菌造福人类。

庄文颖

2020.11.16.

希望中国的小朋友

保持好奇心和探索

精神，努力学习，长大

成为世界知名的古生

物学家！

王原

2020.9.21

目 录
CONTENTS

第五章　星辰大海 /145

第一章

守护生命

科技事业发展要坚持面向人民生命健康，

不断向科学技术广度和深度进军。

病毒那些事儿

新型冠状病毒肺炎疫情席卷全球，对这种病毒会演变为类似流感那样长期存在的焦虑也日益增加。鉴于历史长河中人类与病毒的长期共存关系，我们非常有必要了解关于它的一切。病毒就是有毒的生命吗？它和病菌有什么区别？病毒是怎样让人生病的？新型冠状病毒的“杀伤力”到底有多大？我们应该采取什么样的手段去遏制它？

叶 盛

北京航空航天大学教授、博士生导师，
北航大数据精准医疗高精尖创新中心特聘研究员，
中国生物物理学会科普工作委员会秘书长

病毒：凝固的生命碎片

我们知道，生命都是由细胞构成的。无论是单细胞的细菌、古菌、真菌，还是多细胞的绝大多数动植物，它们的生命活动都离不开细胞这个基本单元。然而，病毒的存在则给科学家们出了一道难题，让生命的定义变得模糊不清，因为它既像是生命，又不像是生命。

有人对细胞作了一个比喻，说它就是一条流动的生命之河。因为细胞将“生命”这个概念圈在了细胞膜这样一道“围墙”里：“墙”内生机盎然，蛋白质催动着千万种生化反应，吸收利用能量，合成分解生物分子，维护复制遗传信息，有序度不断增加；“墙”外的世界则是生命的荒原，能量从高峰流向低谷，无序度不断增加，细胞内的能量和物质都处于流动中。

而病毒呢？我作了一个比喻，假如把这条生命之河冻成一个大冰块，然后从中敲下一小块冰来，这一小块冰就是病毒。说它是生命物质肯定没错，它是由蛋白质、核酸分子（有时还包括磷脂分子）等生命物质所组成的。只不过比起细胞，病毒仅仅把承载遗传信息的核酸分子及少量对启动复制过程有用的蛋白质分子包裹在了一层蛋白质衣壳的硬壳之中而已。有些种类的病毒还会再在外面包上一层类似细胞膜的包膜，这样便能起到伪装自己的目的。可以说病毒是一个凝固的生命碎片，这是因为它的内

▲细胞是座“城”，在细胞膜这样一道“围墙”里，生机盎然

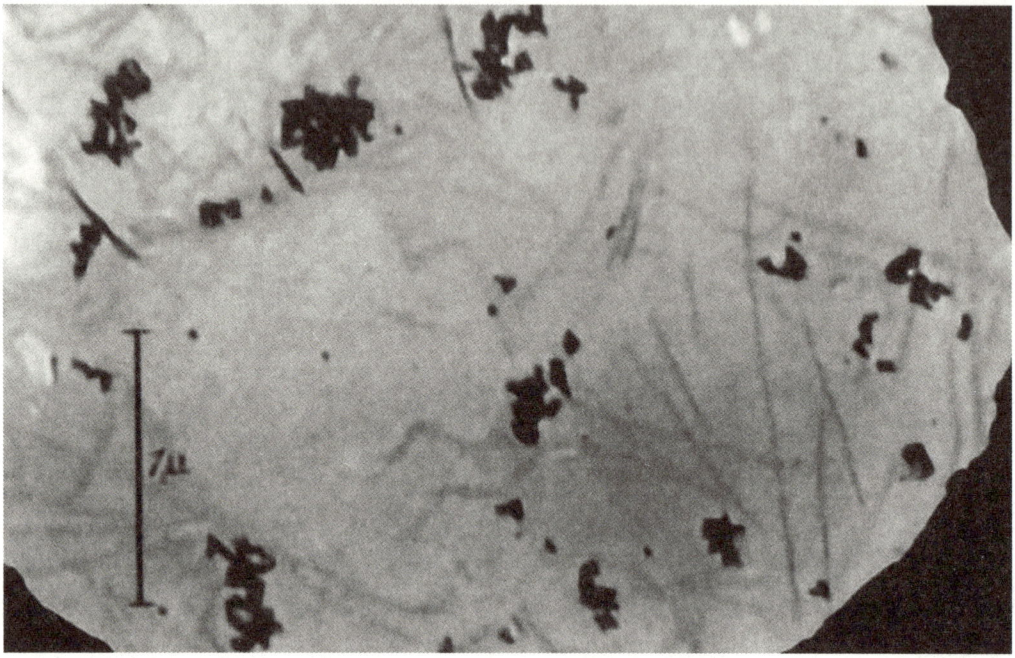

▲第一张病毒电镜照片——烟草花叶病毒

部既没有能量流动，也没有物质的合成分解，不是“活着”的。

人们常常把细菌与病毒混为一谈。通过了解细菌的结构我们知道，它的外面是一层细胞膜和一层细胞壁，后面有一个很长的鞭毛，随着鞭毛转动可以推动细菌去它想去的地方。细菌内部有着丰富的细胞结构，它有一些细胞器，中间有一个核区，核区里存储着它的遗传物质：双链的DNA。所以细菌其实就是一个细胞，它是一种单细胞生物。

病毒绝对不是一种细菌，它比细菌要小得多，简单得多。细菌直径基本在微米（将尺子上的1毫米平均分成1000份，其中的一份就是1微米）这个尺度上，而目前人类已知的最大病毒——拟菌病毒的直径仅800纳米。随着电子显微镜的发明，1939年，科学家拍到第一张病毒的照片，人类终于看到了病毒。

目前已经被人类观察到并分类命名、做出科学描述的病毒大概有5000种。5000种听起来好像很多，但实际上，据科学家估计，世界上所有病毒的种类总计可能已经达到了100万种。为什么会这么多？这是因为几乎所有的细胞生命全都能被某种病毒所感染。从这个角度看，病毒必须要依靠细胞才能够延续自己的“生命”，才能够复制更多的病毒。如果这个世界上只有病毒自己的话，它是完全无法“生存”的。

入侵：拉开细胞的“门把手”

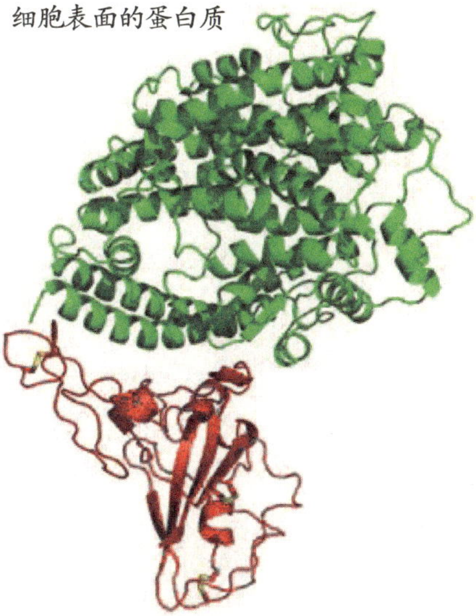

右图是关于新型冠状病毒的研究成果，它由清华大学、西湖大学和中国科学院微生物所和其他国外团队分别独立解析并得到。这个结构下面红色部分代表的是新型冠状病毒表面的蛋白质，而上面绿色部分代表的是细胞表面的蛋白质。所以你明白病毒入侵时为什么用这样的比喻了：它就好比是病毒用一只“手”拉住了细胞的“门把手”，目的是把细胞的“门”拉开，好让自己进去。

接下来我们就有请艾滋病毒“登场”，具体来看下它是如何拉开细胞的“门把手”的。艾滋病毒的表面其实是一层包膜，在这层包膜

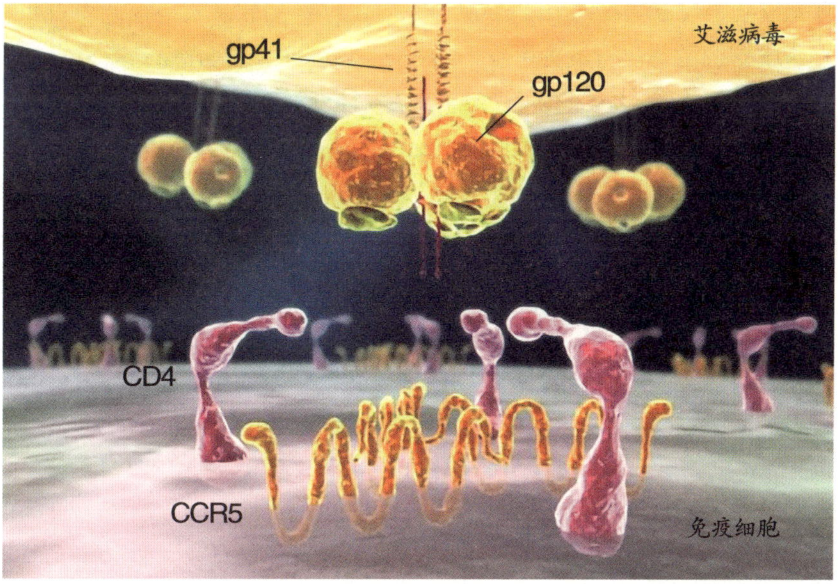

上面有很多蛋白质，主要是gp41和gp120这两种。它们都是以一种叫三聚体的形式存在的，就是三个gp41围在中间，外面围了三个gp120。

艾滋病毒是怎么样通过免疫细胞的“拦截”，并与免疫细胞相互识别并结合的呢？主要是通过gp120和CD4两者接触，在此基础上识别并结合的。

免疫细胞T细胞表面的CD4是艾滋病毒的受体蛋白。当CD4和gp120结合到一起后，gp120的蛋白结构发生了改变，它就变得能够和CCR5相互结合。这个过程中，病毒与免疫细胞表面的距离越拉越近。等到gp120和CCR5紧密地结合到一起的时候，病毒已经“胜利在望”，它握住了T细胞的“门把手”，马上就要进入T细胞了。

接下来，轮到gp41“华丽登场”。围在中间的螺旋形的gp41这种蛋白会发生一个形状上的改变，把自己插入细胞膜里面去。插入细胞膜里之后，gp41会进一步将艾滋病毒的包膜和免疫细胞的细胞膜拉到一起，这个过程叫膜融合。膜融合以后，艾滋病毒与免疫细胞之间就有了“专属通道”，这个通道就给了艾滋病毒的基因组，也就是它的单链RNA分子以可乘之机，让其能够进入细胞内部。

所以说，病毒侵入细胞的第一步，也是最重要的一步是“识别”。有了“识别”以后，病毒才能够与细胞相互结合到一起，才能够让遗传物质有机会进入细胞。当然这种入侵不是唯一方式，对艾滋病毒来说，它是通过膜融合的方式来入侵免疫细胞的。

病毒的复制依赖于细胞，有些病毒要跟着细胞周期一起运转，有些病毒在细胞里则可以无限地增殖。病毒的倍增时间是以小时来计算的，虽然比细菌要慢很多，但这个速度其实已经够快了。病毒传代快、后代多，经常会发生快速变异。

病毒家族中，变异最快的一类病毒是RNA病毒。RNA病毒中有很多大名鼎鼎的病毒被我们所熟知：比如说我们人类认识的第一种病毒烟草花叶病毒，还有流感病毒、艾滋病毒、狂犬病病毒、脊髓灰质炎病毒、甲肝病毒、丙肝病毒、埃博拉病毒，还有新型冠状病毒，它们全是RNA病毒。

变异：病毒寻求与宿主“共存”的方式

病毒为什么要变异？我们至少可以想到这么几个原因：首先，通过变异，它可以逃避免疫系统的识别，病毒通过变异的方式“易容”后，就获得了通过免疫系统的机会；其次，病毒能得到跨物种传播的机会，提高生存范围；再次，病毒变异也会使病毒弱化，从而获得与宿主共存的珍贵机会。

病毒的“毒”和可怕在于侵害宿主的健康。病毒在成功进入宿主细胞后会逐渐耗尽宿主细胞的能量和物质资源，造成细胞死亡。无论什么原因，细胞一旦死亡，它本来承担的正常的生理功能就会被破坏掉，这就是让我们生病的第一个重要原因。

第二个原因是一些病毒，比如高危型的人类乳头瘤病毒，感染它以后会刺激细胞不断地分裂增殖，这也是病毒的一个生存策略。细胞增多便于病毒的复制，但这个策略的结果是什么？细胞不断地被刺激，不断地一分二、二分四，这就是癌，所以说有一部分病毒能够使人患上癌症。实际上，高危型人类乳头瘤病毒是女性宫颈癌的一个主要发病原因。

艾滋病毒也是特殊的一类，它的特点是能够逐步摧毁我们的免疫系统。这是病毒导致人的健康受到侵害的第三种可能性。

第四种可能性相当常见，就是病人会被“细胞因子风暴”误伤。简单来说就是，病毒侵害我们的身体以后会引起免疫反应。当病毒侵害面积过大、程度过深的时候，人体的免疫反应也会变得非常强烈，最终出现“细胞因子风暴”，又叫“炎症风暴”，也就是说，当病人无法承受“炎症风暴”时，便可能被自己的免疫系统所杀死。听起来好像很可怕，但实际上，无论是之前的“非典”，还是这次的新型冠状病毒，很多病人其实都是死于自己身体免疫系统的攻击。所以医生在医治时使用一些激素类的药物，并不是去抑制或杀灭病毒的，而是用来抑制我们自己的免疫系统的，希望我们的免疫系统不要那么过激。

长期来看，病毒的变异使它有机会与宿主共存。而共存很可能是我们和很多病毒的一个最终结局。

就像这次的新型冠状病毒，有一些科学家表达了类似的观点：我们很可能最终必须要接受这个病毒，而没有机会把它彻底地消灭掉。

御毒：靠药物、疫苗和我们自己

庞大的病毒家族中有着千姿百态的病毒：有螺旋体、长条形的烟草花叶病毒；正二十面体的几何构型的腺病毒（上呼吸道感染类疾病中有一部分就是腺病毒引起的，比如说扁桃体炎、咽炎、鼻炎）；外壳是一层包膜的流感病毒（它是人类的“老朋友”了，虽然谈不上一个“好朋友”），包膜里包裹着它的遗传物质 RNA 分子，导致了非常高的致死率；作为病毒，古老的噬菌体（以细菌为攻击目标的一种病毒）长得非常奇怪，它像是一艘外星飞船，有一个规则的几何形体头部，里面装载着它的遗传物质 DNA。

就像人类有好有坏一样，虽然有些病毒对人类是有帮助的，但确实绝大多数病毒对人来说非常恐怖。如何阻击遏制病毒？一般要靠药物、疫苗和我们自己的免疫系统。

所谓的抗病毒药物，包括我们在对付艾滋病的时候会用的逆转录酶抑制剂，它们其实阻止的是病毒进入细胞的过程，或者是阻止新的病毒颗粒生产复制的过程，或者阻止新的病毒颗粒释放的过程。

到目前为止，没有任何一种药物是真正破坏病毒本身的。当抗生素在杀死细菌的时候，效果非常好，因为药物能够把大多数的细菌都杀死。可是抗病毒药物在对抗病毒的时候，只不过是阻止了病毒的进一步复制，阻止了病毒的进一步扩增，并不能有效地消灭病毒。要想把这些病毒颗粒消灭掉，还是要靠自己的免疫系统。

我们的免疫系统分为天然免疫和获得性免疫这两大套系统。获得性免疫系统中一个很重要的分子是抗体，它是一种蛋白质，是一种与抗原结合力极强的蛋白质，它对不同的抗原有着特异性的识别和结合的能力。抗体对病毒有很强的中和作用，这也是我们目前希望能够用来治疗新型冠状病毒肺炎的方法。只有免疫系统可以战胜病毒，没有别的药物能够毁灭它。但在临床上，我们面对自限性疾病（指不需要特殊治疗，只需对症治疗或不治疗，靠自身免疫就可痊愈的疾病），仍需要药物的辅助治疗。比如当你得了流感，其实是流感病毒造成的，但医生除了抗病毒药物外还开了抗生素。这个抗生素在这里起的作用是防止细菌“趁火打劫”。当免疫系统已超负荷工作，如果这个时候再发生细菌感染，那么免疫系统可能已经没有足够力量去压制这些细菌了，而此时抗生素的使用能够有效防止并发症的发生。当 SARS 及此次新型冠状病毒肺炎疫情发生时，很多重症病人使用激素类药物其实就是为了抑制身体中的“炎症风暴”，不要让人最终死于自己免疫系统的攻击。当肺已经不能工作了，血氧浓度会降低，此时该怎么办呢？医生会通过采用吸氧等措施，提高病人吸入气体中的氧气浓度，然后让血氧浓度恢复。这些辅助手段其实都是在帮助身体更好地对抗病毒，而最终完成对抗病毒工作的，是你自己的免疫系统，它才是我们战胜病毒的最终法宝。

疫苗的作用是什么？疫苗的作用在于把病毒的样貌“介绍”给人体的免疫系统认识。对于某一种病毒，免疫系统可能从未见过它，很可能就迷迷糊糊让它进入细胞了。通过疫苗可以把病毒的样子“介绍”给免疫系统。免疫系统识别出这种病毒后，人体就会自动产生一些特异性的抗体。这样，当你的免疫系统下次再见到这种病毒的时候，就能够迅速做出反应，通过抗体压制这种病毒。这就是疫苗抗击病毒的工作原理。那么，面对一种病毒，我们怎样才能得到应对这种病毒的疫苗呢？

我们现在使用的疫苗大多是通过灭毒得到的：培养大量病毒以后，再把这些病毒全部杀死，然后用这些死毒作为疫苗接种，进而让我们的免疫系统认识这些病毒的样子。但在灭毒过程中并不能100%保证所有病毒都被杀死，这样就可能会有漏网之鱼“活毒”危害人类健康。于是，我们现在开始制造空病毒。比如通过一些基因重组的手段制造出病毒，它进入细胞侵染以后生产出来的就都是空病毒。

空病毒表面看和一个真的病毒是完全一样的，但它里面没有基因组和遗传物质，无法去害人，这成为我们现在疫苗领域的一个非常重要的方法。通过研究找病毒表面关键蛋白质位点，能够让免疫系统一见到它就产生特异性抗体。一旦我们找到了这样的位点，就可以通过重组的方法，让细菌或者其他细胞帮我们制备这样的蛋白质。只要把这样的蛋白质（相当于一个病毒的碎片）注射到身体里就可以了。这样的疫苗效果好，也更安全，但要基于长期研究，基于我们对于病毒的免疫有一个非常透彻的了解才可以。

疾病故事与人类探索

新型冠状病毒肺炎疫情的流行，让大众意识到应对疫病的重要性。其实，包括流行性传染病在内的疾病一直都伴随着人类的存在而存在，人类的历史有多长，疾病的存在就有多久。

人为什么会生病？人类历史上发生过哪些重大传染病？人类又是如何应对这些疫情的？让我们共同来了解一下人类与传染病抗争的故事。

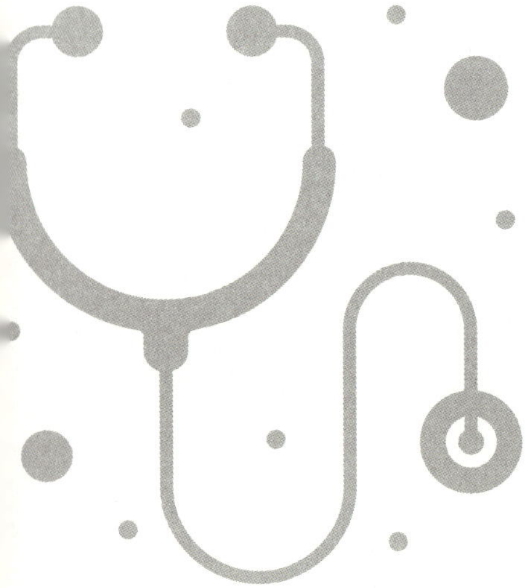

甄　橙

北京大学医学部教授、
博士生导师，
医史学家

人为什么会生病？

我们每个人从小到大都逃不脱疾病，到底怎样叫“生病”？每个人有不同的体验。

在远古时期，人们对于“人为什么会生病”这个问题真的是搞不清楚，就将其归结为是神灵、魔鬼附在身体当中，所以一个人生病时，就要想办法把这些让人生病的神灵鬼怪赶出去。后来，医学慢慢在人类社会中发展起来。古希腊医学史上有一位人物被后人尊称为“西方医学之父”，他的名字叫希波克拉底，他是古希腊著名的医生。

希波克拉底重视临床观察，而且还提出了有关疾病的专门理论。他最重要的一个理论就是“四体液说”。在希波克拉底看来，人的身体主要由四种体液构成，即黄胆汁、黑胆汁、血液和黏液，如果这四种体液在人体内处于和谐、平和、稳定的状态，那么

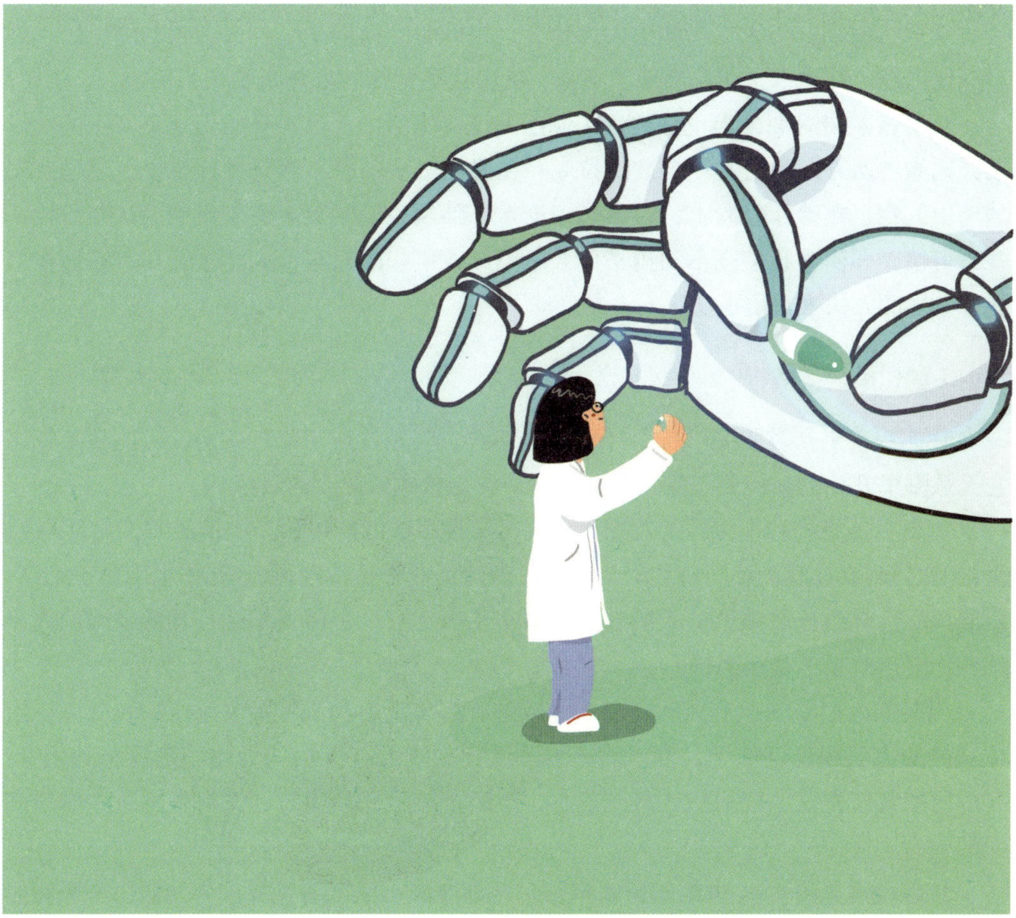

人就是健康的，无论是什么原因引起了这四种体液数量的变化，或者性质的改变，那么就要导致疾病发生了。

希波克拉底不仅注意到人的身体健康要依赖于这四种体液，而且通过观察他还发现，这四种体液与每个人的个体，还有人们所生活的环境、气候的变化都有很大关系。希波克拉底也指导他的学生以“四体液”的变化来治疗疾病。

在众多的希腊神话故事中，你会想到哪些与医学有关的人物和故事呢？这里推荐一个人物——“医神”阿斯克勒庇俄斯，他在古希腊神话里是一个半人半神的人物。

阿斯克勒庇俄斯随身带有一根手杖，这根手杖周围弯弯曲曲盘绕着一条蛇。手杖与蛇这两件东西组合在一起就形成了一个特殊的标志，这个标志到今天一直还在沿用，它就是西方医学的标志——蛇杖。

在远古时期，当人们不知道人为什么会生病时，就诞生了神灵会致病的思想，之后不仅出现了钻颅术，而且出现了巫师、巫医这类特殊的群体来给人们治病。

到了古希腊时期，无论是神话传说还是现实生活中，已经开始出现了真正的医学家，比如“西方医学之父”希波克拉底。在人类历史中，不管是神话传说，还是真实的历史人物，在治疗经验上，在疾病理论上，都给我们留下了关于疾病的认知。疾病并不可怕，即便当我们还不知道是什么原因导致疾病的时候，人类已经在不断地摸索各种各样的办法来对抗疾病了。

历史上的传染病大流行

什么叫传染？首先要“传”，第二要“染”。就是说对于某种疾病，可能还不知道它是从哪里开始的就传到了别人身上，并最终导致别人染上这种疾病。

历史上传染病有很多种，首先说说流行了很多次的麻风病。中世纪时，尤其是13世纪的时候，其在欧洲流行得比较猖狂。它的传染性不是特别强，致死率也不是特别高。但麻风病会导致皮肤破溃，人的肢体、五官受损。当一个鼻梁塌陷、耳朵缺失的人出现在你眼前时是不是很恐怖？

当时的人们不知道麻风病是怎么造成的，那怎么解释呢？神灵致病、妖魔鬼怪附体这样的疾病理论就来了。麻风病患者不受社会欢迎，人们认为他们是邪恶的化身，有的国家甚至把这些麻风病人赶到船上，然后把船开到海里，让大海吞噬这些麻风病人的生命。

接着说说鼠疫。14世纪时鼠疫横行，席卷亚洲、欧洲等世界广大地区。今天我们一听说鼠疫,可能很多人都会知道,这是一种由鼠疫杆菌引起的疾病。鼠疫发病太快了,很短时间内,一家子就全都病倒了,这家人又把这个病传播到邻居家里,很快一村子的人都病倒了,然后会发现一个地区的人、甚至更多地区的人都被传染了。

鼠疫很可怕,因为发病太快,传染性太强,死亡率太高。14 世纪,鼠疫再次大暴发,在意大利米兰,有些聪明人发现,一部分生活在米兰大教堂内部没有跟外面发生接触的人活了下来,也就是说做到了“隔离”。

于是,米兰大主教就向人们宣布,隔离可以有效应对鼠疫。因为米兰是一个港口城市,所以后来人们提议,隔离同时还要做到如果发现可疑的人、可疑的物品要从港口登陆时,就把这些可疑的人和可疑的物品集中起来,用太阳曝晒 30 天。后来又延长到 40 天,这种方法慢慢就形成了海港检疫。

再简单介绍一下霍乱这种消化道传染病,它最明显的病征就是腹泻,而且是剧烈的腹泻,这种传染病在历史上也曾多次发生。

19 世纪,当霍乱病毒在英国伦敦出现时,有一个叫约翰·斯诺的医生很聪明,他拿着地图去调查霍乱病人,通过在地图上标点的方式,他准确地判断出伦敦的一条街区发生了霍乱。

约翰·斯诺想:为什么这条街有霍乱发生,跟它相邻的街道却没有霍乱发生呢?他调查发现,在霍乱流行的那个街区,大家有一个公共的饮水源。在揭示出霍乱跟水源的关系之后,人们知道了如果要预防霍乱的发生,就需要清洁水源。所以在这之后,政府加强了供水和排水系统的卫生管理,让城市卫生建设得到重视,而且还有了相关立法。

人类经历了种种传染病的侵袭,但是在每一种不同的传染病流行之后,人类也都收获了经验和教训。

揭秘传染病发生的原因

文艺复兴时期是人类历史发展的一个特殊阶段,这一时期以艺术为先导,以艺术推动了科学的发展。比利时医学家维萨里在1543年出版了一本医学著作《人体的构造》,这本书让大家可以把人类的身体构造看得清清楚楚,这是文艺复兴时期人体解剖学的重要成果。而要了解人体内部各个器官到底有什么样的功能,这是生理学的主要研究任务。文艺复兴之后的 17 世纪,生理学发展成为一门科学。18 世纪,病理解剖学也发展建立起来了。病理解剖学在基础医学和临床医学两者之间搭建了一座桥梁。

卖布的商人列文虎克也促进了医学的发展。列文虎克好奇心强，好奇心驱使他学会了怎么样去磨制不同的镜片，平的、凸起的、凹下去的，接着他把这样的镜片再以不同方式去组合，由此制作了很多台显微镜。

然后，列文虎克就用这些显微镜来观察。首先是观察他的布，第一次观察实验就让他“大开眼界”，他发现原来在这个世界当中，除了我们肉眼可见的世界之外，还存在一个肉眼看不见的世界。因为他不是科学家出身，没有经过科学训练，所以他只是用通俗的语言来描述雨滴中活着的微生物为“会游泳的小动物”。

好奇心又驱使列文虎克去观察人体口腔内的牙齿、唾液、牙石，之后他用笔把观察到的东西都记录和画了下来。今天我们再来看列文虎克当年的笔记：原来在人类的口腔当中，有那么多的“小动物”，圆形、梭形、扁平状的都有。他不仅仅观察，还做了实验，告诉我们这些“小动物”最怕醋和酒，一旦与醋和酒相遇了，这些“小动物”一下子就不会游泳了，身体就变僵直了。我们今天都知道，这些“小动物”其实就是微生物，而它们的身体之所以变得僵直是因为它们被醋和酒给杀死了。

就是这样一个商人，他的好奇心让他在医学史上收获了很多伟大的发现，让我们通过显微镜看到了另一个世界，这就是微生物的世界。

19 世纪后三十年，大批微生物学家的努力和探索让我们知道了在大自然当中还有许多的致病性微生物，也就是我们今天所说的致病菌。

法国微生物学家巴斯德曾发现了很多细菌，所以法国政府一遇到难题就想请他帮忙。当时在医学上有一种疾病叫产褥热，实际上就是我们今天说的产后感染。为什么会出现这样的疾病？政府把这个任务委托给了巴斯德。

巴斯德通过在临床上搜集一些可观察的样品，最后认识到，在他实验室里边看到的那些微生物，在产妇病人的身体里，如血液当中也发现了。正是因为有了巴斯德的这个发现，大家才把微生物和人类的疾病联系了起来。

除了巴斯德之外，这个时期的德国也出现了一位著名的微生物学家，他叫罗伯特·科赫，他最伟大的一个发现就是发明了一种特殊的染色方法。在微生物的世界中，这种方法又让我们看到了更多的看不见的细菌，其中一种就是在历史上曾经被形容为白色瘟疫、今天大家都很熟悉的结核病的致病菌。

微生物领域还有两位非常著名的亚洲科学家，一位是日本的北里柴三郎，他最重要的工作是 1894 年真正分离出鼠疫杆菌；另一位是中国医学史上非常著名的公共卫生学家伍连德。1910 年东北鼠疫大流行，在人力、物力等各方面条件都不充足的情况下，伍连德成功消灭了东北鼠疫。

他是怎么做到的呢？第一，查找传染源，确定是鼠疫这种疾病暴发，并知道这是由老鼠造成的，暴发地也了解清楚了。第二，切断传播途径。疫源地的人要与外面割断交通，这样更有利于把疾病控制在一定范围内。第三，保护易感人群，对已经患病的人要积极治疗。死者的尸体，要么深埋，要么焚烧。就是用这样的一些办法，伍连德成功地控制了东北鼠疫的流行。

大家都知道，当前流行的新型冠状病毒肺炎的病原体是冠状病毒。实际上人类真正认识病毒是在20世纪电子显微镜发明以后。人类发现的第一种病毒是寄生在植物上的烟草花叶病毒，而后才有其他病毒被陆续发现。

人类与传染病的抗争

19世纪开始，人类逐渐揭开了致病微生物这个神秘世界的面纱。从文艺复兴开始，医学这门科学不断地发展起来，包括解剖学、生理学、病理学……然后到了19世纪，微生物学揭晓了疾病的原因。

当人类已经可以搞清楚疾病的位置和原因之后，我们接下来做的一件事情就是要使用合适的药物去治疗疾病。在整个西方医学的历史发展过程中，19世纪非常关键。在这一时期，自然科学中化学的进步使人类能够提取物质的有效成分，并进一步进行化学合成，就这样，化学药物慢慢诞生了。

20世纪以后，尽管医生手中掌握的药物稍微多了一些，但这些药物在杀灭细菌的同时也对人的身体造成了伤害。

德国医学家保罗·埃利希就给自己定下了一个目标，他要发明一种特别有效、精准的药物，只对病原微生物起作用，而不伤害人体。经过艰苦的实验，终于在606这个试管标记的药物上达到了他预想的效果。他就把这种药物取名为606，实际上这是一种化学药物。这种化学药物不仅对当时的睡眠病有治疗效果，还对梅毒也有治疗效果。埃利希之所以会取得成就，是因为他改进了一种化学药物的化学结构。当时这种发明药物的思想在医学史上一度成为一种时尚，在埃利希的影响下，人们都从化学药物的角度去探索新的药物。

德国医学家多马克的重要成就是研制化学合成药物，他合成的化学药物一直流传到了今天，它就是我们熟悉的百浪多息（Prontosil），即世界上第一种商品化的合成抗菌药（Synthetic Antibacterial Agent）和磺胺类抗菌药（Sulfonamide antibacterial）。

关于百浪多息的临床治疗还有一个小故事。在实验阶段，多马克发现，他新合成出来的这种药物对链球菌有杀伤力。这个时候发生了一件事情，他的一个女儿由于皮肤受伤伤口感染而导致高烧不退，病情已经非常严重了。多马克就把从女儿伤口处取来的血液拿到显微镜下观察，他看到了链球菌。之后他有了一个大胆的想法：可不可以把实验室化学合成阶段的药物用于女儿的治疗呢？其实他当时心里也是有一些担心的，但是看到女儿的病情不见好转，为了救女儿一命，他最终大胆地做了这个实验，结果这种药物挽救了女儿的生命。多马克发明的这种化学药物开始了磺胺药物在医学史上的应用，在今天，磺胺药物也是非常不错的抗生素。

说到抗生素，大家最熟悉的一种抗生素莫过于青霉素了。青霉素的发现要和一个伟大的名字联系在一起,他就是弗莱明。弗莱明虽然是一位医生,但他很喜欢科学探索。

一次实验过程中，他在一个培养皿中不小心掉入一些青霉菌，具有敏锐观察力的弗莱明发现了一个奇怪现象，那就是，在青霉菌周围出现了一个透明带。弗莱明推测肯定是青霉菌里边有一种物质能够溶解培养皿当中的细菌。后续他又做了很多次试验，最终证实了他的猜测。后来弗莱明把这种物质命名为我们熟悉的盘尼西林，也就是青霉素。

1928 年弗莱明就把他的发现公诸于世了，可惜在当时并没有引起重视。第二次世界大战爆发后，英国前线许多士兵受伤，伤口感染急需抗生素。在这个时候，有两个年轻人，弗洛理和钱恩，他们在查阅文献的时候突然看到了 1928 年弗莱明的这篇论文，然后他们觉得这是一个可以推广应用的成果，值得继续去做研究。两个年轻人携手让青霉素从实验室走出来，大规模地生产应用于临床，在治疗伤口感染中发挥了非常好的作用。

乌克兰裔美国生物化学家瓦克斯曼本身是一位土壤学家，在人类攻克结核病的过程中，瓦克斯曼功不可没。20 世纪 40 年代，他从土壤当中发现了可以杀灭结核杆菌的抗生素，这就是链霉素。

今天的医学成就来之不易，它们经历了无数科学家的艰难探索。人类的历史也让我们看到，在医学史上虽然已经有过多次传染病的流行，但是传染病并不可怕，我们要相信科学和经验，听从指挥，做好预防。同时一定要配合医护人员，积极治疗，我们最终一定能够战胜疫情。

找到新型冠状病毒打开人体的“钥匙”

抗击新型冠状病毒肺炎疫情期间，与医务人员在前方治病救人的忙碌不同，清华大学实验室里，有群人誓要揭开病毒“真面目”。病毒是什么？它有生命吗？科研人员是如何看清“新冠病毒”的样子、搞明白了“敌人”进攻路线的？他们有哪些攻坚克难的故事？

王新泉
清华大学生命学院教授、
北京市结构生物学高精
尖创新中心研究员

病毒和疫苗的那些事

首先，我们来了解一下，病毒是什么？从教科书上，我们能了解到病毒的定义：它是一种结构非常简单、体积微小的非细胞微生物。很多病毒的结构都比较简单，里面是核酸，外面是衣壳蛋白。还有一些病毒外面有一层囊膜，它由磷脂膜和一些病毒蛋白分子组成。当病毒粒子在细胞外存在的时候，我们又可以把它看成是一种具有生命结构的复杂化学物质。

病毒有生命吗？这是一个很复杂的问题，如果要深究下去，有点像哲学问题。首先，我们要了解什么是生命，生命有哪些明显特征。生命有新陈代谢，可以自我生长繁殖，有遗传变异，同时对外界环境具有应激性。如果按生命的这几条特征来看的话，我们会发现，病毒不能新陈代谢，不能生长繁殖（通过寄生装配），但是病毒在复制装配过程中，可以将自己的遗传物质延续，同时具有变异性。至今，科学界对此有两派观点。有人认为病毒是生命，有人则认为病毒具有非生命的特征更多一点。但总体来说，病毒是一种结构非常简单、体积非常微小的非细胞型微生物。

病毒如何感染细胞？病毒不能自身生长繁殖，它必须依赖于侵染宿主的细胞才能够复制装配产生子代的病毒。而决定细胞易感性的一个很重要的特征就是，细胞是否有这种能让病毒结合的特异受体，这也是病毒在侵染过程中的一个关键步骤，即入侵。入侵后经过脱壳的过程，病毒可以把它的核酸物质注入细胞体内，从而完成核酸的复制和蛋白质的合成，并最终装配大量的子代病毒颗粒。

总体来看，病毒感染过程有很多关键步骤，入侵——膜融合——脱壳——复制——包装——释放等。在这个过程中，每一步对病毒的存活来说都非常重要。因此，大家可以想象一下，理论上，在设计开发抗病毒药物的过程中，阻断病毒侵染细胞、复制装配和释放子代病毒颗粒过程中的任何一个步骤都可以达到抗病毒治疗的目的。

病毒在侵染过程中，很重要的一步就是跟受体的结合。而病毒与受体的结合就像钥匙和锁的关系一样，病毒可以利用它表面的一些蛋白，这个蛋白像一把钥匙一样，它可以特异性打开细胞表面的这把“锁”（受体）。只有“钥匙”和“锁”能互相特异性地结合，病毒才能够进入易感细胞中完成复制的过程。

病毒与受体的相互识别，就像钥匙和锁的关系。

从感染角度来讲，细胞是病毒侵染的一个最基本的单位。对人体来讲，比如我们被新型冠状病毒侵染，其实还需要一些其他特定的条件，如要有足够多的病毒。同时，病毒初始感染位置的细胞必须是易感的，可以接触到的。另外，如果一个病毒要想成功地在个体建立感染，它必须抑制感染位置的免疫反应。

病毒在群体中传播需要有一个感染的途径。病毒传播可以分成两类：水平传播（呼吸道、消化道、泌尿生殖道、皮肤伤口、血液等）和垂直传播。病毒在个体建立感染后逐渐有了很强的传播能力，之后就能造成群体感染，进而上升为一种传染病。

事实上，人类在 20 世纪六七十年代对传染病的防控非常乐观。曾经有观点认为，到了 21 世纪，人类基本上就能控制传染病了。但现实情况是，21 世纪后，由细菌或者病毒引起的各种各样的新发和再发传染病的出现频率和出现次数都远远超过了我们的想象。

禽流感病毒、甲型 H1N1、SARS、MERS 等都是新发传染病，而埃博拉病毒则是再发传染病，目前为止主要流行于非洲地区。人类新发传染病 75%来源于动物，并且大多与野生动物有关。人畜共患病是指在脊椎动物与人类之间自然传播的、由共同的病原体引起的、流行病学上又有关联的一类疾病。有记载的人畜共患疾病约有 250 多种，我国约有 90 多种。其中禽流感、埃博拉、尼帕病毒感染、亨德拉病毒病、轮状病毒病、汉坦病毒感染、狂犬病等都是非常典型的人兽共患病。21 世纪以来，我国暴发的主要人畜共患病有 2002 年 SARS、2004 年禽流感、2009 年甲型 H1N1 流感、2013 年 H7N9 禽流感、2019 年新型冠状病毒肺炎等。在过去几十年里，科学家经过不断努力开发了多种多样的抗病毒药物，例如通过开发一些膜融合的抑制剂来抑制病毒囊膜和细胞膜的融合，除此之外，还有一些小分子的抑制剂，它可以抑制病毒粒子的释放，从而达到抗病毒效果。

还有一种对抗病毒的有效武器就是疫苗，疫苗如今是人类健康生存必不可少的一部分。疫苗既可免疫儿童及各年龄段成年人，也可免疫家养及野生动物。免疫后，许多儿童疾病将逐渐减少，但是很多第三世界国家接种率仍然很低（例如风疹、麻疹疫苗）。疫苗最重要的原理就是诱导机体产生保护性的免疫应答。我们可以通过给人类注射疫苗，类似于模拟病毒侵染的一些重要过程，使体内产生主要由 B 细胞和 T 细胞所参与的免疫反应，进而人体便产生了保护性的应答。人体适应性免疫系统中还有一个重要的免疫记忆作用，即被某种病毒或者微生物感染一次后，人体的 T 细胞或 B 细胞就会对它产生记忆，下次如果再碰到同样的病毒或者微生物来侵染，人体就可以快速地产生免疫反应，从而使再次感染后的症状轻微或者不明显。

疫苗如何在现实中起作用？群体免疫力是某个群体对于传染病病原体入侵及传播的一种抵抗力，当这个群体内大多数个体对某种传染病产生抵抗力后，群体免疫力可对该群体内其他不具免疫力的个体产生间接保护作用。大规模接种疫苗可有效地控制传染病的蔓延。例如在20世纪五六十年代，脊髓灰质炎、麻疹疫苗等的大规模接种，使得相关传染病的发病率急速下降。

当然，没有一种疫苗是100%有效的。过去几十年来，疫苗在应用过程中确实发生过一些事故，比如最有名的就是脊髓灰质炎疫苗。当时，Cutter公司是脊髓灰质炎疫苗生产企业之一，在生产过程中，由于有一批疫苗甲醛灭活不彻底，进而使一些人在接种疫苗后得病或者死亡。另外一个疫苗失败的案例是呼吸道合胞体病毒疫苗事故，这一病毒可引起婴幼儿急性下呼吸道感染。20世纪60年代，曾制备甲醛灭活呼吸道合胞体病毒疫苗，结果接种者感染呼吸道合胞体病毒后80%入院，2名婴儿死亡。目前，该疫苗还在研发阶段。

从中不难发现，开发更加安全、更加有效的疫苗是科学家更重要的任务。同时，社会大众要从科学角度来认识疫苗，了解疫苗对全球人类公共健康事业的积极作用。

认清冠状病毒“家族”

说到冠状病毒，大众最熟悉的就是SARS（严重急性呼吸综合征）和MERS（中东呼吸综合征）。2002~2003年，SARS全球流行，据WHO统计数据表明，当时SARS在全球造成了超过8000多例感染，具有很强的人与人的传播能力，死亡病例也接近800例，有10%的病死率。SARS出现十年后，2012年在中东地区又出现了另外一种新型的冠状病毒叫MERS，主要在中东地区传播（韩国发生过一次区域暴发），具有有限的人与人传播能力。

那么SARS和MERS冠状病毒的传播链是什么？SARS、MERS的天然宿主是蝙蝠，其中SARS主要通过果子狸传播到人，而MERS主要通过中东地区一种特别的骆驼单峰驼传播到人，进而完成人与人的传播。

目前，包括新型冠状病毒在内，共有7种冠状病毒可以感染人类。而感染其他动物和禽类的冠状病毒有以下几种。

1. 鸡冠状病毒：鸡传染性支气管炎症病毒（IBV）。

2. 猪冠状病毒：猪流行性腹泻病毒（PEDV）、猪呼吸道冠状病毒（PRCV）、猪传染性胃肠炎病毒（TGEV）、猪急性腹泻综合征冠状病毒（SADS-CoV）等。

3. 牛冠状病毒：牛肠道冠状病毒（BECoV）。

4. 狗冠状病毒：犬呼吸道冠状病毒（CRCoV）。

5. 猫冠状病毒：猫肠道冠状病毒（FECV）。

6. 鼠冠状病毒：鼠肝炎病毒（MHV）等。

那么，感染其他动物和禽类的冠状病毒是否会传染到人？目前来看，还不能界定这些冠状病毒能对人产生有效的感染，但也不排除感染人的可能性。例如，在实验室研究发现，猪的 SADS 冠状病毒可以感染一些猴的细胞，且感染细胞的范围很广。那么这种病毒进化后是否会感染人类，这种可能性是存在的。所以我们应保持警惕，重视这些跨种传播的病毒。

事实上，冠状病毒是一大类单股正链 RNA 病毒，遗传物质为 30 kb，是目前已知最长的一个 RNA 病毒。它也是一个囊膜病毒，表面有一层囊膜，直径大概是 100 纳米左右。

从分类来讲，冠状病毒属于套式病毒目，冠状病毒科，它又可以分为四个属，alpha，beta，gamma，delta 四个冠状病毒属。其中感染人的冠状病毒主要是 alpha，或者是 beta。比如引起严重肺炎症状的 SARS 和 MERS，还有新型冠状病毒，它们都属于 beta 冠状病毒属。

冠状病毒的复制增殖过程与其他病毒的复制增殖过程类似，包括吸附和进入——脱壳——核酸复制和蛋白翻译（生物合成）——装配和释放。我们的工作就是研究冠状病毒表面的“钥匙”，即刺突蛋白。研究它是如何特异性地结合 AC12 或者如何特异性打开细胞表面这把“锁”的，从而使冠状病毒能够进入到细胞内来开展这种复制的过程。

冠状病毒一般都有十几种不同的非结构蛋白（non-structural protein）。其中最有名的就是 RNA 聚合酶，叫 RdRp。还有一种是蛋白酶，叫 main protease。这两种蛋白都是当前冠状病毒药物开发中非常重要的靶点，比如瑞德西韦主要作用的靶点就是 RNA 聚合酶，它可以抑制 RNA 聚合酶所催化的一个 RNA 复制的反应，从而可能会达到临床治疗的效果。

目前，有关冠状病毒的研究方向大致有病毒入侵机制、潜在宿主研究、动物模型研究、诊断、治疗药物、疫苗研发、疫情未来的发生趋势等。

最后想强调的一点是，冠状病毒远不止我们已知的 SARS、MERS、新型冠状病毒，其实冠状病毒是一大类这种 RNA 病毒的家族。它们可以感染很多动物、禽类，还会严重威胁人类健康。此外，冠状病毒家族还会对畜牧业或者经济等带来非常不好的影响，因此，冠状病毒应成为今后重点关注的对象。

42 天联合奋战的科研故事

新型冠状病毒肺炎疫情发生以来，我们实验室主要与清华大学医学院张林琦教授实验室联合奋战，一起开展科研攻关。

在过去十年间，我们与张林琦教授实验室一直合作研究冠状病毒。在新型冠状病毒之前，我们重点联合研究 SARS 和 MERS，主要围绕这种冠状病毒表面的刺突蛋白如何和细胞表面作用，之后我们如何筛选或者建立中和抗体，以及进行疫苗开发开展大量研究。

那么什么是冠状病毒刺突蛋白？冠状病毒之所以叫“冠”，是因为它表面有很多像皇冠的突起，这些突起就是刺突蛋白，叫 S 蛋白，专业术语叫同源三聚体。简单理解就是，冠状病毒是三个相同的单体所组成的一个结构，在冠状病毒的表面是一个同源三聚体形式的存在。新型冠状病毒和 SARS 一样，也是利用 ACE2 作为受体来侵染细胞。

我的研究领域是结构生物学，叫 Structural Biology，主要是利用生物大分子的三维测定为手段，以生物大分子的三维结构、运动和相互作用为研究内容，来阐明生物大分子相互作用的机制和回答生命科学的基本问题。实际上，生物结构学的研究范围非常广，人体不同组织、细胞、细胞里的细胞器，细胞里的很多分子、复合物、药物等都属于生物结构的范畴。

生物结构的研究技术也多种多样，我们可以从多个角度、通过多种学科来研究生物结构。例如我们可以直接利用光学显微镜来观察一些细胞，或者是细菌的一些外形、结构等。由于病毒很小，所以我们必须要用电镜方法来放大倍数才能看到病毒的一些结构。我们还可以利用 X- 射线晶体学、核磁共振等，以及借助计算生物学、人工智能等很多新技术来帮助我们更好地研究生物结构。

2020 年 1 月 10 日，新型冠状病毒基因序列公布后，我们第一时间启动了研究工作。由于研究人员较少，因此我们需要选一个非常明确的科学目标。我们最感兴趣的就是冠状病毒表面的刺突蛋白与细胞表面受体结合的研究。当时有报道明确指出，ACE2 既是 SARS 的受体，也是新型冠状病毒的受体，于是我们就想弄清楚，新型冠状病毒表面的这把“钥匙”和 SARS 表面的“钥匙”到底有什么不同，为什么两把不同的“钥匙”都能打开同一把“锁”。这些对我们理解病毒如何侵染，以及开发中和抗体、研究中和抗体和疫苗的开发都具有非常重要的指导意义。

知道了这把“钥匙”如何打开这把“锁”后，我们怎么样才能够开发出这种抗体，或者说开发出疫苗，诱导这种保护反应，使它能够阻断“钥匙”和“锁”的作用，这是我们抗病毒药物研发和疫苗开发过程中一个非常重要的方向。

我们人体内其实有很多抗体，抗体的量占人体血浆蛋白量的 20%。如果一个病人被病毒所感染，那么在他康复以后，他的体内会产生一些中和抗体，这些中和抗体就可以阻断病毒。我们的研究目标就是在病人体内筛选出高效抗体，并对它进行研究或者临床应用。

2020年3月2日，中共中央总书记、国家主席、中央军委主席习近平在北京考察新型冠状病毒肺炎防控科研攻关工作，代表党中央向奋斗在疫情防控科研攻关一线的广大科技工作者表示衷心的感谢和诚挚的问候。他强调，人类同疾病较量最有力的武器就是科学技术，人类战胜大灾大疫离不开科学发展和技术创新。提高治愈率、降低病亡率，最终战胜疫情，关键要靠科技。当前，打赢疫情防控人民战争、总体战、阻击战还需要付出艰苦努力。越是面对这种情况，越要坚持向科学要答案、要方法。这些重要指示极大鼓舞了科研人员的研究热情。

在武汉疫情最紧张的时候，对于危重病人的救治有一个很重要的方法就是康复者血浆疗法。血浆疗法的优势是可以快速响应，可以直接从康复者身上采取血浆注入其他病人体内。但是不足也很明显。一是来源有限，因为一名康复患者能够捐献的血浆数量有限，而且血浆是抗体的混合物，其中只有一小部分抗体具有中和作用，其他抗体没有作用。二是血浆疗法也有一些潜在的危害，例如注入另外一个病人体内，病人体内会不会产生一些其他的反应等。

疫情期间，张林琦教授实验室联合其他团队从康复者体内获得了抗新型冠状病毒高效抗体。我们实验室也对这些高效抗体的作用位点、作用机制开展了一系列研究。

用技术手段扑灭“星星之火”

目前，新型冠状病毒肺炎疫情在我国已得到了有效控制。但实际上，无论是针对病人的救治，还是从科学研究角度来讲，都还有很多问题没有答案。例如，新型冠状病毒到底是从哪儿来的，它的源头、天然宿主是什么，中间宿主是什么等，所有这些我们都还没有搞清楚。虽然目前有各种各样的科学证据显示，新型冠状病毒最早的源头宿主应该还是蝙蝠，因为在蝙蝠体内已经发现了一些冠状病毒，它和新型冠状病毒有非常高的序列的同源性，但是至今，我们在蝙蝠体内还没有找到和新型冠状病毒序列同源性能达到99%的这种病毒，也就是说它还是个谜题。同时，中间宿主是什么？很多报道说，在穿山甲身上也发现了一些冠状病毒，这些冠状病毒序列同源性很高，特别是在它的刺突蛋白和受体结合的区域，它的同源性比蝙蝠里的冠状病毒同源性更高。现在有一种科学的假设就认为，可能是这种蝙蝠的冠状病毒和穿山甲的冠状病毒在某种情况下发生了重组，或者说穿山甲是作为一个中间宿主，其身上的病毒在发生一定的进化后最终跳转到人类身上的。目前来看，这个时间尺度可能很长。此外，虽然现在抗体研究和疫苗研究取得很多进展，但实际上我们还没有针对新型冠状病毒的特效药。

最后，我想引述中山大学公共卫生学院舒跃龙院长讲的一段话，我觉得讲得非常好。

中国政府强有力的围堵策略已经让疫情得到了明显的控制，但是新型冠状病毒肺炎疫情再一次给我们敲响了警钟。我们很难阻止新发传染病的发生，能做的是要尽量降低其发生的概率，这就要求我们能与自然和谐共处，不对大自然掠夺性开发；改变饮食文化，彻底切断“野味”饮食通道。同时要建立强大的新发传染病监测应对和研究体系，长期坚持对病毒跨种传播的监测、分子机制的研究以及疫苗和药物的研发，使我们有能力和技术手段在新发传染病刚出现“星星之火”时将其扑灭，不让其造成“燎原之势”，尽量降低对社会的影响和健康的危害。新发传染病的防控需要每一个人的努力，这是我们的责任。

后疫情时代，守护儿童青少年心理健康

后疫情时期，民众的心理健康问题开始得到越来越多的关注。据世界卫生组织 (WHO) 预计，今后几年内，精神卫生和社会心理支持的需求将大幅度增加。其中，特别是儿童青少年的心理健康，更是不容忽视。

陆　林

中国科学院院士、北京大学第六医院院长、国务院应对新型冠状病毒肺炎疫情联防联控机制医疗救治组专家

儿童青少年心理健康特点

什么是心理健康？心理健康就是指心理的各个方面趋于一种良好的和正常的状态。对青少年来说，心理健康的理想状态是保持性格完美、智力正常、认知正确、情感适当、意志合理、态度积极、行为恰当、适应良好的状态。所以世界卫生组织在一开始成立的时候，就把健康定义为三个大方面：一是身体健康，也就是身体上各项指标，比如血糖、血压、体温等这些是正常的；二是心理健康，心理上的健康包括智力、情感、行为；三是对社会环境适应良好，很多青少年身体很好，但到一个新环境适应不了，这也是不健康的一个表现。

据《中国青年发展报告》显示，我国 17 岁以下儿童青少年中，约 3000 万人受到各种情绪障碍和行为问题的困扰。全国儿童青少年当中大约有 20% 左右的青少年有各种各样的精神心理问题，也就是 5 个当中就有 1 个。如果能早发现、早干预，就会减少各种各样的精神疾病的发生。儿童青少年各种各样的精神心理问题，在我们国家发病率相对来说还是偏低的，因为这些儿童青少年可能跟亲戚、跟朋友、跟父母生活在一起，所以保护因素会多一点。

同时，最近十几年来，网络游戏对我国儿童青少年的影响还是很大的。我国网民中，儿童青少年比例占到 22% 以上，其中网络成瘾的青少年比例明显高于日本和欧洲地区。儿童青少年常见精神疾病还是比较多的，比如多动综合征（又称注意缺陷障碍），这种疾病会让孩子在学习或做事时注意力不集中。比如 6 岁以下易患的孤独症，全球范围的

孤独症的发病率一直在呈增长状态，近年，我国孤独症的发病率增长得也比较快。

儿童青少年容易出现的精神心理问题还包括焦虑障碍、品行障碍、抽动障碍，还有一些儿童青少年抽烟、喝酒。儿童青少年抑郁障碍的发病率也在增加，很多有情绪问题的青少年严重时甚至会出现自杀行为。

疫情可能带来的精神心理问题

新型冠状病毒肺炎疫情对儿童青少年生活的影响是全方位的，一个是很多儿童青少年对疫情不了解，精神高度紧张，总把身体上的不舒服和新型冠状病毒肺炎症状联系起来。有些孩子总去洗手，觉得如果发烧有可能就是感染了。还有很多青少年因为疫情防控长期隔离在家，隔离期感觉到恐惧、沮丧、厌倦，还有一些孩子因为不能上课导致焦虑、抑郁。没办法到学校与同伴交流，所以很多青少年变得很孤僻。很多父母因被感染而隔离，孩子跟父母分离后，非常容易产生焦虑、恐惧的情绪，特别是 4 岁以下的孩子。更有孩子独自被隔离在家，这些青少年将来大概有 30% 的人可能会出现创伤后应激综合征，这个是需要重点关注的。

疫情对青少年学习和升学就业也有影响，有些青少年不能很好地适应在家上网课的生活，有些青少年去国外留学交流，也不能成行。另外，2020 年高考推迟，很多孩子压力变得很大。疫情也让大学生就业受到很大影响，一些大学生不能够及时就业，也会出现一些精神心理上的问题。

疫情之后，青少年常见问题包括急性应激障碍——比如家里有人去世，或者家里人突然被隔离，或是传染病在自己周围暴发，那么这些青少年就可能出现急性的应激障碍。这种急性的应激障碍可能导致睡不着觉、哭泣，甚至他们自己觉得精神心理有些不正常了，这种急性应激障碍需要医生来帮助和解决。

还有适应性障碍——不能够适应家里上学的环境，还有开学以后不能够适应学校的环境。比如说见到同学或见到老师后觉得不像原来沟通那么顺畅，所以感觉到烦扰。有感染了新型冠状病毒肺炎的青少年，康复以后总担心复发，担心周围人另眼看待，别人洗个手就觉得是针对自己，这也是适应性障碍的表现。

还有一种问题持续时间比较长，这也是社会未来面临的问题，叫创伤后应激障碍。虽然疫情在中国得到控制，但是对人群的影响还是持续存在的，特别是在武汉，很多的感染者仍然把自己隔离在家，没有走出来。创伤后应激障碍这一问题需要全社会的共同努力，让受到影响的人群能够尽快恢复。疫情之后遭受的心理创伤，一般应在半年之内恢复正常，如果半年之内没有恢复正常，就会变成一种慢性的精神心理问题，对未来的生活、工作、学习都将有很大影响。

青少年常见心理障碍还有一种是自伤行为，表现为情绪不好，心里烦躁，甚至常常觉得没什么意思，然后通过伤害自己、感受疼痛以达到缓解情绪的目的。青少年自伤行为在国际上发生率很高，可以达到17%，也就是大概5个人中会出现1个。我国

大概要偏低一点，在13%左右。这种行为非常危险，情况严重的可能导致生命危险。这种自伤行为在疫情期间也是呈现增加态势。疫情的隔离，社交的隔离，网络的使用，它们都可能造成青少年自伤行为的发生。

疫情期间，部分青少年出现了睡眠问题，这也对健康造成了影响。很多青少年体重超重，甚至出现了血压和血糖问题，它们可能都和睡眠不正常有关。另外，长期睡眠有问题会变成慢性失眠症。睡眠问题会导致抑郁症、焦虑症，失眠的人群中抑郁症、焦虑症的发生率要比无睡眠问题的人群翻好几倍以上，所以我们一定要重视保证良好的睡眠。

第六个心理问题是游戏成瘾。一项调查研究显示，疫情期间网络游戏成瘾的人中，青少年人数增加了2%。因社会活动减少而导致沉迷游戏的孩子，其身体上、心理上都容易出现问题。长期打游戏、网络成瘾的青少年可能出现睡眠障碍、胃肠道功能紊乱、体重超重、糖尿病、心血管疾病等问题，游戏成瘾对孩子自身、家庭、社会和国家都会造成巨大的危害。

疫情下保持心理健康的策略

正如世界卫生组织评估的结果，新型冠状病毒可能会被控制，但其对人类心理健康的影响却不会马上消失，据保守估计，这种影响将持续10年到20年，所以保持心理健康，特别是青少年的心理健康非常重要。

对新型冠状病毒肺炎疫情，很多人都会有不良的情绪反应。我们要学会正视它，接纳它，允许它存在，学会与不良情绪共存。人类本身是有情感反应的动物，每个人都会有情感脆弱的时候，我们要接纳它，同时从不良情绪中尽快走出来。重要的是，要学会进行自我情绪调解。

首先要辨别自我情绪，其次能够在情绪不好的时候，通过锻炼，通过跟父母、朋友、老师的倾诉交流去缓解，或者通过一两次哭泣等方式合理宣泄。这样，我们的心理就会慢慢变得健康起来。

在有效的新型冠状病毒疫苗正式使用之前，坚持适当的体育锻炼，睡个好觉，也能帮助我们在一定意义上增强抵抗力，防御新型冠状病毒的感染。青少年最好每天都运动1个小时左右，每天保证8个小时的睡眠时长。

除了儿童青少年要注意的一些问题，家长作为守护儿童心理健康的关键人物，更要从自身做起，给孩子树立榜样。跟孩子沟通的时候，要用孩子理解的方式。比如说跟孩子一起画画、讲故事，向孩子讲什么是疫情。仔细观察孩子的饮食、睡眠、学习、生活习惯，如果孩子晚上睡眠不好，要给予及时关注。

家长要学会处理亲子关系。压力之下，父母要处理好自己的情绪，不要把不良的情绪转移给孩子。要平等地对待孩子，尊重孩子的自我意愿。出现冲突的时候，要科学地处理和孩子之间的关系。孩子犯错的时候，要先讲道理，除非有非常不好的行为才给予适当的惩罚，这种惩罚也不是打骂，可以将延迟满足孩子的愿望作为惩罚。打骂孩子永远是错误的，并不能解决问题，更无法解决情绪问题。

另外，要做好心理健康教育。学校的老师和辅导员要及时关注儿童青少年有没有抑郁、失眠、焦虑的问题。遇到问题，要科学对待，不要大惊小怪，不能另眼看待，更不能打电话叫父母把孩子领回去，甚至把孩子的问题推给家长。这样的话，很容易让孩子产生回避心理，导致更大的问题。

如果遇到问题，要及时寻求专业帮助。首先，可以通过网络上的心理咨询平台找一些专家、医生来判断、评估，如果有情况，看通过咨询手段是否能解决。大部分孩子的问题，可以通过规律睡眠、体育锻炼和适当的沟通交流，或者一些自我放松练习和心理调节技术来解决。如果解决不了，就求助专科医生和心理治疗师来帮助解决。家长不能太着急，不能“乱投医”，更不能对孩子采取一些极端甚至打骂的行为，那样并不能解决问题。

儿童青少年精神卫生服务体系建设

儿童青少年时期是人生中关键的成长发育时期，这时出现的一些精神心理问题大部分可以通过专业的有效干预得到康复和缓解。所以，我们国家建设健全儿童青少年精神服务体系至关重要。

据统计，每年在我国有 5000 万到 1 亿的儿童青少年有各种各样的精神心理问题。但全国范围内的儿科医生人数不足 10 万，我国儿童精神科专业医生数量甚至不到 500 人，不仅如此，国内的优质儿童精神科医生也大部分集中在一线、二线城市的三甲医院。国内儿童精神科医生的短缺现状导致儿童精神疾病患者面临“看病难”的问题：专业的医生不够，床位也不够，很多孩子的精神心理问题不能得到及时解决，重视培养儿童精神科医生已经刻不容缓。

另外，教育领域也应完善心理危机的预警体系，像重视身体健康一样重视心理健康。每一所小学、初高中和大学都应有具备专业背景的心理咨询机构，从而构建起符合我国国情的儿童青少年心理健康教育体系和心理危机应对体系。我国的《全国精神卫生工作体系发展指导纲要》《中国精神卫生工作规划》《中国儿童发展纲要》里面，都特别强调要重视儿童青少年的心理健康。

《全国精神卫生工作体系发展指导纲要》就强调，要构建儿童青少年公共的服务网络，儿童医院、精神专科医院和有条件的妇幼保健院要有儿童心理科，配备专科医生，学校要设置心理咨询室，配备专职的心理健康教育师。但现在很多的儿童医院或妇幼保健院，儿童心理科还没有开展起来，学校的心理咨询室有的没有开展，有的开展起来了，却没有合格的心理治疗师,所以我们还有很多的事要做。比如配备专业的心理咨询师队伍,能够有序、高效地应对儿童青少年各种各样的精神心理健康问题。

另外，也要做好宣传、心理辅导工作，加强组织管理，规模建设，规范化地进行培训。通过有效宣传让每个家长了解孩子的心理，了解孩子的心理可能出现的各种各样的问题，进行及时的评估、干预和治疗。促进心理服务模式多样化，除了走进医院，也走进心理咨询室，包括一些网上会诊和咨询。特别是西部地区，虽然到京沪等一线城市看病很不方便，但通过使用网络手段可以弥补一些我国儿童青少年精神医学发展水平不平衡的情况，从而一定程度上解决西部的儿童青少年精神科不够的问题。同时，对儿童青少年一些危险的行为要进行调查和评估，一些自伤、自杀的行为容易被效仿，对此要进行及时预警，进行一些专业干预，从而减少此类事情的发生。

希望公众都能了解儿童青少年心理的发育特点，了解儿童青少年成长期间可能会出现的各种心理问题。而儿童青少年能够通过学习咨询，通过规律的生活，通过体育锻炼，通过与朋友、老师、同伴的交流，来减少和避免心理健康问题的发生。如果遇到问题，可以通过心理咨询来解决；如果遇到严重问题，能有专业的医生，通过专业的治疗来解决。希望在家长、老师和社会各界的努力下，能够让我们的下一代远离心理疾病，身心健康，快乐成长。

抗击疫情的中国速度

作为 2020 年全球最重要的公共事件，新型冠状病毒肺炎疫情牵动着每一个人的心。于是在科学研究方面，分离新型冠状病毒、破解病毒基因序列、确定平均潜伏期、确定传播方式，也就成了 2020 年最重要的科学发现。这四大科学发现，奠定了认识一种新型传染病的基础，也奠定了我们制定科学防控策略的基础。这四大科学发现，也是中国科学家为抗击全球新型冠状病毒肺炎疫情做出的最重要的贡献。

吴尊友

中国疾病预防控制中心
流行病学首席专家

四个重要的科学发现

从 2019 年年底到 2020 年年初，新型冠状病毒肺炎开始在武汉流行。在最早的三周中，从确定不明原因肺炎疫情到武汉封城，前后约 21 天的时间里，我们就取得了四大科学发现。

2019 年 12 月 27 日，卫生系统首先关注到这可能是一起比较异常的疫情。在 12 月 30 日，武汉市卫健委确定其为不明原因肺炎疫情；12 月 31 日，国家卫健委派工作组、专家组到武汉协助工作；2020 年 1 月 7 日，中国疾病预防控制中心率先分离出新型冠状病毒，同时中国疾控中心、中国科学院武汉病毒所、中国医学科学院又从基因序列证实其为新型冠状病毒，从而确定了这一不明原因肺炎的病原体；2020 年 1 月 12 日,我们把基因序列上传到世界卫生组织数据平台与全球各国分享。2020 年 1 月 10 日，诊断试剂被派往武汉，用于临床诊断。

我们看到，从确定这是一起不明原因肺炎的疫情到分离出病毒，用了不到一周的时间；从分离出病毒到诊断试剂用于临床诊断，只用了两天时间。2020 年 1 月 20 日，新型冠状病毒肺炎被列入国家法定报告传染病。2020 年 1 月 23 日，我们采取了最强有力的措施控制疫情:武汉封城。从确定不明原因肺炎疫情到分离病毒,再到诊断试剂，只用了一周多的时间，这创造了人类认识一种新传染病的最短时间纪录。

很多人不明白，破解病毒基因序列有什么意义？实际上，病毒基因序列是我们认识一种病原体最重要的生物特征指标——有了基因序列，就可以生产诊断试剂；有了基因序列，就可以研制预防疫苗。因此，上述四大科学发现奠定了中国乃至世界控制新型冠状病毒肺炎疫情的科学基础，也是中国科学家为世界控制新型冠状病毒肺炎疫情做出的最重要的贡献。

在这场必须打赢的抗疫战斗中，中国科学家跑出了中国速度。在武汉疫情得到控制以后，我国又陆续出现了几起聚集性的疫情，比如北京新发地市场、大连、青岛、新疆喀什等地。在控制这一系列疫情的过程中，我们采取的主要措施包括四个方面：第一是早发现、早隔离、早治疗；第二，根据传染病传播规律，在发现感染者以后，进行流行病学调查，确定密切接触者，并对密切接触者进行管理；第三，采用核酸检测的方法来确定疫情的规模，发现早期的感染者；第四，治疗病人。

疫情防控案例分析

比如在新发地市场疫情中，北京是怎么应对的？ 2020 年 6 月 11 日，北京在经历

56 天没有本地发生病例以后，首次报告了确诊病例。接到报告后，北京市疾病预防控制中心拉响了警报，第一时间对病人进行了流行病学调查，发现这个病人在过去 14 天去过 23 个地方。在对 23 个地方进行环境采样后，发现了新发地的环境样本呈阳性。在随后进行的第二至第四例病例流行病学调查中，又报告有新发地的共同暴露史。

从第一例病例报告到确定、锁定新发地源头，前后只有 16 个小时。接下来，北京市疾控中心和相关部门很快对新发地周围进行了调查，北京市成立了防控指挥部，对新发地进行了封闭管理。

新发地是北京一级分流批发市场，每天有几十万人进出，涉及全国各地。开展流行病学调查是一项非常复杂的工作。所谓的“流行病学调查”，就是对感染新型冠状病毒的病人进行“查上家、追下家”，谁感染了他？他又有可能传染给谁？

北京新发地疫情从 6 月 11 日报告首例病例，到 7 月 5 日最后一例新诊断的病例报告，前后经历了 25 天。新发地的疫情响应，应该说为全国乃至世界应对新型冠状病毒肺炎疫情提供了一个非常好的榜样。

中国的公共卫生响应是一流的

2020 年后半年，全国多地又出现了零星散发的病例。新型冠状病毒肺炎疫情得到控制后，我国境内是没有新型冠状病毒的。如果再次发生疫情，病毒一定“有来头、有源头”。病毒一般应该有以下几种来源。

首先，从境外回国的人员当中可能有感染者。把这些感染的人“管”住了，就能够控制住疫情。第二，目前在医院接受治疗的病人。第三，境外输入的物品。这些物品在夏季的时候主要以冷链运输的物品为主，进入冬季以后，所有从境外输入的物品都有可能带有病毒，都有可能造成人的感染。第四，某些研究病毒的实验室里面有病毒。如果实验室安全措施不到位造成工作人员感染，那么也会造成疫情的扩散。

从这几个方面我们可以看到，新型冠状病毒肺炎疫情的再次发生，要么是“人传人”造成的，要么是“物传人”造成的。针对“人传人”的情况，我们已经建立了一整套体系。目前，相关的一系列措施已经非常完善了，由这种方式造成的风险比较小。

进入冬季以后，“物传人”是主要的风险点。无论是空运、海运、陆运，只要是境外进来的物品，都有可能受到污染。所以，海关是我们把住国门的第一关，但海关也不能完全杜绝病毒的进入。为了防范这些病毒，我们还可以定期对整个运输链进行检测，并对从业人员进行应急疫苗接种，防止他们感染。这些措施都能够帮助我们把疫情控制在一个相对较低的水平。

我们还发现，在进入冬季以后，除了货物以外，从境外进来的集装箱（包括空的集装箱）如果受到污染，也有可能造成新的疫情。这些新的认识，增加了我们应对新型冠状病毒肺炎传播流行的知识，也为我们积极防控提供了新的应对措施。这些措施的应用，为我们保证冬季乃至后续春季不出现严重疫情打下了坚实的基础。相信在未来，我们将战胜新型冠状病毒肺炎疫情。

在已经过去的日子里，中国向世界展示了中国力量。这种中国力量体现在党中央和国务院的英明决策、强有力的领导、举国上下齐心协力上，中国科学家不负众望，用科学技术认识新型冠状病毒肺炎，用科学技术指导新型冠状病毒肺炎防控，使得中国成为全球新型冠状病毒肺炎疫情控制最好的国家。在未来，中国也还会继续引领世界抗击新型冠状病毒肺炎疫情。

第二章

美好生活

科技的发展无不渗透着对人类生活的影响。

耕地红线与粮食安全

2020 年 6 月 25 日是第 30 个全国土地日，宣传主题为“节约集约用地，严守耕地红线”。2020 年，世界多国受到了新型冠状病毒肺炎疫情的强烈冲击，一些国家出台了禁止本国粮食出口的政策。这对我国的耕地红线、粮食安全有没有影响？目前来看是有短期影响的。长期来看，由于我国早就实施了严守耕地红线的基本国策，所以我国粮食安全还是有保障的。同时，新型冠状病毒肺炎疫情的冲击也让我们重新思考粮食安全问题、耕地红线作用的重大机遇。

郧文聚

自然资源部首席科学传播专家，
国土整治中心副主任、研究员

从吃得饱转向吃得好

应该说我国的粮食安全是我们举国体制的一个伟大的成功实践。新中国成立的时候，我国的人均口粮每年不到200公斤。按照国际的统一标准线，达到人均300公斤才可以基本实现“果腹”。

最近几年，我国人均粮食占有量在470公斤左右，接近500公斤。500公斤是国际公认的粮食相对宽裕的一条线。所以说，我们的粮食够吃是绝对的，但距离粮食宽裕还有30公斤的距离，再乘上我们14亿人，实现起来也很不容易。

但若放眼世界，人均500公斤还不够，一些耕地资源丰富的国家，他们的人均粮食占有量能够达到800公斤，这些国家有一部分耕地不用来种粮食，而是用来搞生物造能源。

粮食安全问题不仅是提供主粮，比如米饭、面粉等主要粮食的供给问题，还涉及饲料粮和改善膳食结构问题。解决了吃饱问题，这使我们很自豪，同时，在吃好问题上，我们也做得相当出色。目前，我们已经从吃不饱转向吃得好。

给大家分享一个我的家庭故事，我的女儿应该说还比较挑食，她已经很大了，已经是博士毕业。但在她小的时候，上学时带水果，如果带点普通苹果，她会怎么带去就怎么带回来。但是如果我给她带赣南的脐橙、库尔勒的香梨，那就“有去无回”了。

我的侄子现在正在读高中，我们家有幸能吃一些好的东北大米。侄子有一年在南方待了一个月时间，到那以后到市场上去买大米，几乎尝遍了当地所有的大米，这些大米好像都不合他的胃口，这让他很难受，因为他已经习惯吃东北大米了。

那么东北大米和刚才我讲的那几种水果，与其他地方的大米和普通水果相比有什么不同呢？现在我才知道，也就是近几年才知道，它们里面的风味物质不一样。现在我已经当爷爷了，有一个小外孙女，不到两岁，也是一个小叼嘴，她吃水果的时候用舌头尖一舔就可以马上决定吃还是不吃，包括吃饭也是一样的。说明什么？说明我们中国人关于粮食的问题，已经从吃得饱吃不饱，转向了吃得有没有味道，吃得好不好，这是一个根本性的转变。

我国用世界9%的耕地养活了19%的人口

最近，国务院发展研究中心研究员程国强指出，维护我国的粮食安全实际上是靠两个资源在支撑，一个是我国的耕地红线来支撑，另一个是从国外进口农产品来弥补不足。中国的耕地红线实际上提供了2/3的粮食，还有1/3需要从国际市场上去购买。

我国耕地红线中的红线，叫永久基本农田，大概是15.6亿亩。永久基本农田中的一个主要部分是高标准农田，我国要建成10亿亩，这10亿亩和15.6亿亩是我们红线中间的特区，要把它们保护好。

我国的耕地“家底”怎么样呢？简单地说，我国的耕地面积占全球的9%，而我们的人口占全球的19%，我们用9%的耕地养活了19%的人口。可以想象，我国耕地的压力有多大。我国对土地资源进行了分类，大的来讲是三大类型，分别是可以提供农产品的农用地，供工业和城市发展的建设用地，还有一些是未开发的未利用地，这三大类分成了12个一级类，72个二级类。我国国土总面积达1200万平方公里，陆域面积是960万平方公里，耕地现在是20多亿亩。它的特点是山河壮美，地大物博，人口多耕地少。而且耕地还面临着几个趋势性的变化：第一，耕地非农化，被建设占用了；第二，耕地细碎化，就是被各种建设切割了；第三，非粮化；第四，边际化，就是占的和补的差别比较大，占的是好地，补的是差地；还有第五，“寂寞化”，就是我们耕地的生态环境在退化。这几个趋势是我们进行耕地保护，严守耕地红线要特别关注的。

中国有20亿亩耕地，但有14亿人，北方的家庭农场多的100亩，南方50亩。我们的家庭农场基本上没有什么装备，主要靠社会化服务。所以，我国是用一个技术比较落后的小规模的家庭农场来支撑我们的粮食安全，还谈不上世界粮食强国，这是我们的又一个奋斗目标。

我国耕地的健康状况正在发生变化。自然资源部和北京师范大学联合在全国选了65个县做了一个分析，从耕地所处的地形条件、土壤状况、耕作条件、耕地环境状况和耕地的生物特性等五个方面进行了分析。结果发现，我国处于亚健康和不健康状态的耕地还有相当大的比例，其中最主要的还是生物学特征正在发生变化。一个深层次的原因是耕作层在变薄，我们必须关注耕作层的问题。

把中国人的饭碗端在自己手中

我国之所以实行最严格的耕地保护制度，就是为了解决自己的吃饭问题，把中国人的饭碗端在自己的手中。

为什么要坚守耕地红线呢？从支撑粮食安全的角度看，第一，我国粮食总产实现“十六连丰”的背后是耕地没有得到休息，耕地全面、长期、持续、高强度地被利用，使它没有喘息的机会。这么持续长期高强度的利用会造成一些负面问题——耕地的基础地力透支。

同时，由于我国的耕地建设缺乏标准，以及水土流失、土壤退化、面源污染、地下水超采等问题，它们都制约着可持续发展。现代科学表明，中国传统的“精耕细作”也许并不正确，少翻动可能才是合适的。因为少翻动，土壤中间的动物、微生物、菌群的状况才会更好，这样才更有利于农作物的生长。

第二个问题就是耕地利用过程中出现了环境问题，而且环境问题在不断地增加。特别是环境污染、土壤的重金属污染问题，还有东北的黑土地退化问题，以及华北的地下水漏斗问题。

第三个问题是我国自己生产的粮食价格高，而国际粮食价格低，中间缺口只能靠财政来补贴。发达国家也负担不起这么大的农业补贴，所以说机制一定要转变，把粮食生产的成本降下来。

第四个是要认识到在“吃得好”成为基本需求的今天，我国的粮食安全问题仅仅靠自己是难以解决的。从大的方面来讲，我国还有很大的缺口。我国目前每年粮食产量是 6.5 亿吨，但是实际需求是 7 亿吨，还差 0.5 亿吨。

第五个就是，我们的饭碗问题还要靠自己解决，确保口粮绝对安全是严守耕地红线、维护国家粮食安全的立足点。如果把全世界的粮食都买到中国，也只够我们半年。如果把大米都买来供我们中国，也只够我们中国人吃三个月，所以说大米也好，粮食也好，口粮必须依靠自己。

从经济发展、资源安全角度来看，应该建立一个更加完善的全球战略来确保我们国家的粮食安全，守住我们的耕地红线。从耕地来讲，耕地红线不仅要注重数量，更要注重质量和健康。已故的关君蔚院士有一句话，叫“莫等黑土变黄土”。如果黑土都变成黄土的时候你再去保护黑土，那就出问题了。我们有很好的种子、化肥、农药，可以靠“藏粮于技”保证我们的粮食安全。但是“藏粮于技”要落到“藏粮于地”上，如果没有地，你的技也就“无地可施”“英雄无用武之地了”。

“藏粮于地”和“藏粮于技”不可偏废

耕地红线实际上是我们经常耕种的耕地面积的最小值，是用数量来表达的。但是耕地红线既要有数量，更要考虑到它的质量，考虑耕地的生态状况，也就是耕地保护要注意数量、质量、生态三位一体。从国家层面来看，耕地红线是18亿亩。这是编制全国土地利用总体规划纲要时确定的，而且这个目标是约束性目标，2020年是这个规划的最后一年，2020年年底我们的耕地红线是不是还在18亿亩以上？实际上，我们守住了耕地红线。

新中国成立后，我们用申报的方法来掌握耕地总数，大概是15亿亩。1996年年底，我国完成了第一次全国土地详查，查清了我们有19.6亿亩耕地。

全国的耕地按照生产能力高低分成了15个等级，好的是一等地，差的是15等地。全国的耕地平均下来接近10等，那就是说我们的耕地基本上处于中等偏下水平。

另外，我们占补平衡，就是说占好地，占产能高的地，补产能差的地方。这又是一个问题，自然资源部曾经做过一项调查，调查了200多个项目，发现占补不平衡问题是普遍存在的。这个调查比较早，现在来讲，制度更加严格了，应该比之前好多了。

耕地红线最核心的是永久基本农田，它是耕地中最好的，我们要更加严格地保护永久基本农田，原来叫基本农田。什么叫基本农田？就是确保口粮安全必须要保护和利用的最少的耕地。想保护好永久基本农田，划好、保好、建好、用好是一个大问题。耕地是我国最为宝贵的资源，要像保护大熊猫一样保护它。

水田和水浇地在我国耕地地类中非常重要、非常珍贵。因为它的面积不到耕地的一半，但提供的粮食跟经济作物产量却占到了总产量的七到八成。

第三个问题就是“藏粮于地”和“藏粮于技”。我国的“藏粮于技”做得不错。我们的种子十年换一茬，能够增产粮食10%左右，我们的农机、农艺，包括土壤改良都做得不错。但是在“藏粮于地”也就是耕地保护方面，建高标准农田方面，还是稍微有点慢的。我国高标准农田为什么不能让它管用40年、60年、80年，我觉得这是我们下一步要努力的方向。

我们近五年粮食总产量维持在6.5亿吨以上，这个靠的是什么？主要靠的还是“藏粮于技”来解决的，在“藏粮于地”方面我们要相对弱一些。所以，严守耕地红线，一定要加强高标准农田建设。

2018 年，自然资源部在全国随机抽取了 6203 个补充耕地项目并对其进行了实地核查，发现建设不真实、数量不足、质量不够的项目多达 621 个，占抽查项目的 10%，同时还发现大量项目存在补充耕地后期管护和地力培肥不到位问题，需引起高度重视。

坚守耕地红线，也是实现人地和谐

环境问题的根子是资源问题，是把资源管好、用好、消费好的问题。如果资源管不好、用不好、消费不好，那么环境问题的出现就会是一种必然。坚守耕地红线，也是在实现人地和谐。从加强自然资源源头管理的角度建议，第一要坚守可持续的土地利用理念。2009 年，斯德哥尔摩大学的 28 位世界顶尖的科学家，共同提出了调节地球系统稳定性和恢复力的 9 个过程，量化了部分过程的“地球界限”，认为土地使用情况已处于高风险水平。联合国制定了 17 个可持续发展目标，这 17 个目标要通过 169 个分目标来说明，169 个分目标又通过 232 个指标来描述。2010 年，根据世界各国的数据对这个体系做了一次评估，2015 年又做了一次评估，2010～2015 年这五年，世界各国做得普遍不好，但中国做得还不错。

第二，坚持两手抓。一手抓最严格的自然资源管理，另一手抓最科学的国土空间治理。

第三，做到六个好。第一个好是规划管制好，在规划好的基础上管制好，就是把国土空间规划做好，把用途管制的规则定好，把两者合在一起就叫规划管制好，就是按规划用地，按规划保护、开发、利用、治理，然后去管制。第二个好是保护利用好，应该把利用放在前面，因为利用好是保护好的一个重要方面。第三个好是修复治理好。目前我们的壮美山河还是出现了一些问题，长江、黄河问题还是比较严重的。黄河的生态问题更加严重。资源的命根子在自然，环境的命根子在资源。所以说要想环境不变红，资源就要绿，资源要绿，自然就要蓝。同时我们要秉承科学、生态的理念。第四个好是科技支撑好。要想保护利用好耕地，没有科技支撑是不行的，我们中国目前在自然资源管理上有世界领先的科技作为支撑，国家自然科学基金委员会地球科学部用十年时间，投资近 2 个亿，由程国栋院士、傅伯杰院士、宋长青教授等专家牵头，组织全国一流科学家实施“黑河计划”，进行攻关，取得了世界领先的丰富的科技创新成果。我们下一步的任务就是要把这个科技支撑推广到全中国，全面加强先进科技对自然资源管理、国土空间治理的支撑作用。第五个好是合理消费好。我们对资源的奢侈消费严重，这个问题必须现在就解决，如果我们解决不了需求管理的问题，那么就算产再多的粮食也不够吃，再多的资源也不够用，所以说粮食安全问题不仅要从供给端着手，更要注重需求端的管理。最后一个好是责任落实好，就是耕地红线要划好，要守好，必须要把责任层层落实好。

有了这六个好，不仅我们的耕地红线会有保障，而且人地和谐关系也可以有效构建起来。所以从这个意义上讲，生产实践、管理决策、科学研究，这三个方面缺一不可。

最后再强调一下，严守耕地红线、确保粮食安全的根本支撑是土地资源、科技创新产品的供给。中国的土地资源安全问题只能靠中国科学家自己来解决。遗憾的是，我国土地科学与技术的高等教育、研究生培养、国家科技计划还难以满足国家自然资源管理方面的迫切需求，希望这个根本问题能够尽快得到解决。从高等教育本科专业设置来讲，需要全面建立和发展土地资源学、土地工程学、土地信息学、土地管理学；从学科建设来说，继续加强土地资源与土地系统高端科技创新人才的培养。土地整治工程是教育部批准设立的新本科专业，目前有 15 所大学招生，包括中国农业大学、中国地质大学、长安大学等。让我们全社会携起手来，尤其是青少年要小手拉大手，坚守我们的耕地红线，为我们中华民族的未来创造更加坚实的物质基础。

填好全国土宜图

中国是世界上率先进入农业文明的国家之一，我们的农业文明史几千年不断，精耕细作是我们的一个传统。有一位美国的康奈尔大学教授，他在一百年前曾带着夫人来到中国、日本、韩国，并在这些地方考察了半年，回去后写了一本书，叫《四千年农夫》，他在文中指出，东亚国家的精耕细作使他们用了四千年的耕地越用越肥，而我们美国开发不到 200 年就出现了黑风暴，让那么厚的黑土地瞬间荡然无存。所以说怎么样去利用耕地资源是一门很深的学问，极具挑战性。

如果你到中山公园，那么可以看到一个社稷坛，咱们总说江山社稷，江山社稷中的社稷代表什么呢？其实就代表五色土。为什么中国用五色土来代表江山社稷？五色土其实跟我们国家土的颜色的格局是相一致的。东方青土，由于它相对湿一些，所以是颜色深一点的青土。南方是红土。西边是白土，有盐碱地，有沙地。北方是黑土。中间是黄土。在自然肥力阶段，东北的黑土地由于开发条件比较差没怎么开发，所以，当时黄土被认为是最好的一种土地。我们国家之所以保护耕地、保护五色土，是因为它关乎江山社稷，这是我们中国人的传统认知。

▲中山公园社稷坛的五色土代表着江山社稷

但是现在来看，保护耕地有了新的意义，我们不仅要看到 20 亿亩耕地，18 亿亩红线这个数量，看到耕地的生产能力的高低差别，还要进一步看到风味物质的差别，还有产生这种风味物质的一方水土的根本标志是什么，把这个根本标志真正地保护起来，这是我们的责任。

2005 年《科学》杂志发表了一篇论文，其中提到在自然生态条件下的耕地资源除了有生产能力外，其他的生态功能也都发展得比较好。如果集约化开发利用，那么生产能力是上去了，单产也越来越高了，但是其他的生态功能却萎缩了。那么我们将来要追求什么，或者说这一位专家建议什么？他建议平衡生产能力跟自然生态之间的关系。我们十九届五中全会已经把这个问题写进了“十四五”建议中，建议里边叫守着自然生态安全的边界。所以从这个角度来讲，耕地保护已经不仅仅是数量保护，产能保护，更是一种生态保护。

我的老师给我一个沉甸甸的交代，要搞清楚“土宜图”（土地适应性地图），就是这一方水土究竟适合生产什么样的农作物，或者种什么样的果树。北京有“京西稻”，就在北京的西部，那是一个特殊的地方，适合发展这种优质农产品。这是一方水土能够出产一种名特优农产品的例子。实际上，老师希望能够我做一张图，把全国的“土宜图 ”填好，将来对这样的土地进行特殊保护、重点保护。老师没有完成，我遗憾地告诉大家，我也没完成，但是我把接力棒已经很慎重地交给了我的接班人。我希望他们能够把图填出来，土宜填图待后生。

我相信“十四五”期间,一定会有更多的科学家关注土宜,在关注粮食安全的同时,关注耕地资源的安全。不仅关注我们中国人是否吃得饱，也要关注是否吃得好，吃得安全，吃得放心。

天气预报到底准不准

天气预报到底准不准，这是一个公众特别关注的问题。很多百姓认为，国家投入了许多，有那么多的科学家在研究天气，我们应该完全掌握天气的变化规律了，肯定能 100% 地做出准确的预报。事实上，天气变化是一个非常复杂的过程，科学讲，现在是做不到 100% 准确预报的。今天就想跟大家讲一讲这是为什么？借此大家也能够更加了解我们气象工作者的科学精神、科学思维和科学方法。

朱定真

中国气象局公共气象服务中心
气象服务首席

气象预报到底准不准?

天气预报整个流程至少要经过五道工序、四个岗位。首先是观测，它需要测报员或者观测员观测，然后将这些信息变成报文。在过去，我们要靠电报来发报、收报，所以那时候我们需要报务员，他们收到报以后再把它变成电码填到天气图上，这个环节又需要填图员，填图员把它填到我们所说的天气图上以后，才由我们预报员去综合判断。所以，我们每一次天气预报不是随随便便做出来的，预报的准确性、对系统的判断对不对，所有这些都取决于基础的观测数据。

在过去的人工观测阶段，我们要求整点，只有这样，这个时候观测的数据才代表全球那个时刻的真实天气。如果不小心错开了一个时段，那么天气就已经移动了或者改变了，而且观测的既不能早也不能晚——早了数据无效，晚了这个数据就失去了。在整个预报流程中，数据对我们的填图和整个系统的分析非常重要，更有甚者，曾经有测报员为了保护数据不丢失，为了准时观测数据而牺牲了生命。

过去我们需要手绘天气图，但现在已经能做到无纸化了。如今，中国整个气象卫星体系已经进入世界一流行列，我们有 7 颗在轨卫星，并且从 2020 年 4 月 1 日开始，我们的观测站已经全部实现了自动化，观测频率比过去增加了四到八倍，数据量翻了十倍。

换而言之，在过去，我们只能用十几个小时前的数据来预报天气，而现在，我们可以用几个小时前的资料去预测未来的天气，这种预测比过去要精确很多，但与真实天气相比，误差必然是存在的，是没有办法避免的。

做天气预报到底有多难?

这些年，由于技术升级，我们能随时通过手机、电脑来查看专业的数据，天气预报的能力也在大幅提高。即便这样，大家还会质疑天气预报的准确性，譬如 2020 年 8 月的北京降水。根据气象图可以明显看到，我们当时的预报非常准，雨量落区甚至发生时间都报得非常准，但为什么老百姓还会有意见呢?归根结底，问题还是出在预报和预报服务的时间差上。

我们都知道，气象预报的目的是防灾减灾，趋利避害。那么当我们意识到会有一次强降水的时候，最先要考虑的就是如何防范它。毕竟等到降水出现了再通知去山区的人、在山区的人撤离，那肯定是来不及了，只有提前要求他不要进山区，那么才能真正防范雷电、山洪、暴雨对人生命安全的影响。同样，当暴雨出现时，城内容易形成内涝。我们知道在北京上下班，很多人路上就要花一两个小时，那么只有提前给他们留出通勤的余量，才能保障人在上下班的路上真正安全。

从安全角度来看，提早采取措施我个人认为这是合理的，这是一种科学的态度，我们需要这样做。但是如何才能做到相对精准的服务呢？这需要全社会多方的磨合和积累。经过北京这一次降雨，其实也能让老百姓更加了解气象部门，了解我们天气预报为什么会这样做，了解政府为什么会配合天气预报这样防范，那么以后再发生类似天气，大家就能用更科学的态度去对待，也能更好地配合，这对我们防灾减灾显然是有益的。

其实从我自身的经验来看，做气象预测是压力特别大的职业，但换位思考一下，这种压力也是对我们的鞭策。

现在的气象预测精准度能达到多少？

说一千道一万，天气预报发展到现在的确还不能做到 100% 准确，但 86% 是能做到的。实际上，86% 已经是一个很高的水平了。为什么做不到 100% 呢？我们就要说说天气预报背后还藏着多少难度了。

我们知道，所谓的气候其实是一个大背景，天气又是在气候这个背景下发生的，水圈、岩石圈、生物圈、冰雪圈、大气圈，五大圈层交互影响共同形成了特有的气候，再加上变化多端的大气环流的影响，可以说这个过程特别复杂。所有国家都拿出自己最快最大的计算机来处理气象问题，就是因为它涉及的信息量太大了，影响因素太多了，不用最快最大的计算机根本不够处理，必须尽可能多地考虑各种因素的影响才能报得更准确。

除了观测手段、综合处理数据的能力和快速计算能力要提高以外，我们还要重新认识理解天气。以 2020 年 6 月梅雨期间的一次暴雨为例，在气象图上显示有一个一个凸起的对流云团，我们叫它中小尺度的对流云团。这种气象预报起来难度较高，它属于特别典型的突发天气。预测它，就相当于我们在家煮牛奶或者煮麦片，当要煮开的时候，大家都知道要冒泡了，可是谁能准确判断出第一个泡在哪儿，第二个泡在哪儿？在天气预报里，这种情况属于局地对流，它是不确定的、突发的、短时间发生的，波及的范围也很窄。我们对于这种强对流天气，只能说清楚它在什么样的天气背景下会出现，但你一定要我说几点几分在什么地方会出现，那是很有难度的。

此外就是对于更长期的预报，比如对七天以上、十天以上甚至一两个月之后的天气预测。在这个过程中，干扰因素太多，它的准确率也必然会下降，正因如此，“一短一长”现在依然是我们气象预测的难点。现在，气象监测虽然可以提前差不多半个小时把这种强对流天气、大致的落区强度报出来，这也是因为我们的监测水平提升了，但真正的预报能力还没有达到公众预期的水平，所以大家有“天气预报还不准”的印象也是自然的。

应该如何科学地认识气象预测？

尽管预测天气依然有发展提升的空间，但伴随着其他科学的发展，其任何一次进展都有可能帮我们进一步提高预报的准确率。实际上，今天已经有很多专家提到了量子、北斗，量子计算、北斗的观测，包括将来人工智能的分析判别，所有这些都会对我们的预报产生作用。有了它们，便会有更多更及时的数据供我们参考，并且我们分析这些数据的能力也会大大加强。

也就是说，如果某项技术能对气象预报的准确率有所帮助的话，那么在未来，所有气象人一定都会时刻跟踪它、及时引进应用它，通过利用这些新的技术造福我们每个老百姓。

在气象学里，我们这几年经常会谈“无缝隙的智慧预报系统”。它是什么呢？其实就是指我们将在预报、生产、服务的整个过程中，在每一个环节都尽可能地实现自动化、高频率和精细化，并且在最后通过大数据甚至社会行为分析，自动将天气信息分发给不同的用户，让你在不知不觉中得到天气服务，最终实现智慧性的气象服务。

有人问我，对气象预测的未来有什么想法，或者对未来有哪些期待。我觉得首先，也是最重要的，那就是我们气象人必须继续秉承科学精神，去做好气象服务。但与此同时，我们也希望公众能够用更科学的态度来看待我们的气象服务，来支持我们的气象事业，在我们共同的努力下，让气象为生命安全、生产发展、生活富裕、生态良好做出更精彩的服务。

南方暴雨背后的天气密码

每到夏季,我国南方多会发生大范围强降雨并引发各地汛情告急,险情频发。那么,汛期一般会出现哪些天气情况?当出现极端天气情况时,我们应该如何应对?

近年,我国南方经历了持续的暴雨天气,许多人也因此对暴雨产生了兴趣,接下来我们通过几个问题来了解一下暴雨的“前世今生”。

第一个问题是,影响我国雨季的主要气候特征是什么?

根据《中国自然灾害要览》,我国位于世界上著名的季风区域,冬半年盛行东北季风,夏半年盛行西南季风,也叫夏季风,它伴随着西太平洋副热带高压的季节活动而沿其西北侧进退。源于低纬度海洋上暖湿的夏季风与来自西伯利亚的北方干冷空气交锋,在交锋的区域中常形成绵延数千千米、宽数百千米的季风雨带。在我国东部地区,季风雨带从冬到夏随着夏季风不断加强北进,北方冷空气不断减弱并向北移动。

第二个问题是,我国雨季从几月份开始?

根据《中国自然灾害要览》,4 ~ 9 月是我国的雨季,也是暴雨发生的主要时期。在区域雨季内形成了独特的区域性暴雨,主要有华南前汛期暴雨、江淮梅雨期暴雨、北方盛夏期暴雨、华南后汛期暴雨、华西秋雨季暴雨、西北暴雨等区域性暴雨。

第三个问题是,我国南北跨几个纬度带?

中国位于亚洲东部,地势西高东低,南北跨高、中、低三个纬度带。受地理位置、地形因素及季风气候的影响,我国是世界上著名的多暴雨国家之一。据统计,我国洪涝损失约占全国各类自然灾害总经济损失的 62%,而全球洪涝损失占各种自然灾害的 40%,均居于自然灾害之首,严重威胁着国民经济和人民生命财产安全。

第四个问题是,暴雨会引起哪些灾害?

暴雨不仅会直接导致平地积水、河道漫溢、农田毁坏、房屋倒塌等严重的洪涝灾害,还会引发山洪、滑坡、泥石流、病虫害、瘟疫、饥荒等多种次生和衍生灾害。所以对于我国来讲,暴雨灾害是一种非常严重的、事关生命财产安全的灾害,需要特别说明的一点是,它同时也是科研人员研究得比较多的一种灾害。

到现在我们一直在说“暴雨”,那么,第五个问题是,到底什么样的降雨叫“暴雨”呢?

气象上规定,在 24 小时以内,降水量超过 50 毫米、小于 99.9 毫米,或者在 12 小时以内,降水量超过 30 毫米、小于 69.9 毫米,这两种降雨都叫暴雨。

我国的暴雨在发生频率和强度上，其地理分布的一般规律大致是由东南向西北逐渐降低减弱，呈现出南部多、北部少、东部多、西部少，以及山脉的迎风坡多、背风坡少等分布特征。这跟前面提到的季风气候和中国所跨的气候带的分布都是有关系的。

通过以上问题不难看出，我国暴雨有以下 4 个重要特点。

1. 暴雨主要集中发生在 5 ~ 8 月汛期期间。这主要是因为我国夏季降水深受来自印度洋和西太平洋夏季风的影响。大范围的雨季开始于夏季风的爆发，结束于夏季风的撤退。暴雨强度和变率与夏季风波动密切相关。如在长江中上游地区，6 ~ 8 月的暴雨占总数的 71%；华北地区大暴雨日集中出现在 7 月下旬到 8 月上旬，此时夏季风达到最北位置，其间雨量占全年总降水量的 66%。

2. 暴雨强度大、极值高。与相同气候区的其他国家相比，我国暴雨强度是很大的，不同时间长度的暴雨极值都很高。我国 24 小时出现大于或接近 1000 毫米的降水量并不少见，在 1931 ~ 2006 年的 76 年中至少有 5 次。

3. 暴雨持续时间长。暴雨的持续性是我国暴雨的一个明显特点，暴雨持续的时间可从数小时到数十天，绝大多数暴雨都会持续 3 天以上。

4. 暴雨区范围大。按暴雨范围大小，我国暴雨分为局地暴雨、区域性暴雨、大范围暴雨和特大范围暴雨四类。

由此可见，我国暴雨的特点是集中期明显，强度大，持续时间长，分布范围广，尤以梅雨期间江淮暴雨区面积最大。

是谁培养了暴雨的坏脾气?

我们知道，暴雨常常突然出现，且会伴随强对流天气，比如冰雹、龙卷风、强阵风等，带来一片狼藉。那么，到底是什么原因，或者说是谁培养了暴雨的这些坏脾气呢?

从 2020 年南方的暴雨形势来看，总的来说有三方面原因，第一个是西太平洋副热带高压——想来就来想走就走，第二个是充足的水汽——浇透你为止，第三个是上升运动、地形——碰见就发火。

影响我国雨带和暴雨最为重要的一个天气系统是西太平洋副热带高压，由于它常年位于西太平洋副热带地区而得名。西太平洋副热带高压的南北移动和东西进退的位置及强度直接决定我国夏季雨带和暴雨的位置及旱涝区域的变化。而西太平洋副热带高压偏偏是“想来就来，想走就走”的，我们的暴雨或者说雨带就是跟着它“跑”的，自然也就不稳定了，这给天气预报增加了难度。

另外，暴雨发生发展和维持必须有充足的水汽供给，它们便是供应暴雨所需的“燃料”；暴雨发生在空气的上升运动区，低层的空气只有通过抬升才能达到饱和，从而产生凝结，降落下来成为降水；还需暴雨区中大气层结不稳定，不稳定能量迅速释放产生强烈的上升运动，从而使暴雨持续。

再看大气环流的形势和地形，西伯利亚冷空气由北向南与西太平洋副热带高压下的水汽形成了一个标准的暖湿气流和冷空气的交汇。这个交汇的位置正好就是我国雨带出现的地方，在每年 6、7 月份，大家应该经常能看到这种雨带出现，但是具体到哪一地方出现了强降水，哪一地方出现了剧烈的天气，这些具体问题还关系到局地的地形地势。

当我们说起对流、环流的时候，肯定要谈到大气环流的风。现在我们再来解答几个小问题。

第一个问题是，“风向”是指风的“去向”还是“来向”？

事实上，“风向”是指风吹来的方向，从西北过来的叫西北风，从西南过来的就叫西南风。

第二个问题是，为什么“山雨欲来风满楼”？为什么暴雨来时天会黑？

下暴雨时会有大量的对流云，而这种对流云在剧烈发展的过程中需要有上升气流，有气流向上走掉，就一定有气流补充进来。这些不断补充的气流和不断加强的上升气流会在近地层形成阵风。同时，既然有上升运动，那么它的周边就会有下沉运动，当对流发展到一定程度开始向下产生降水时，也会产生阵风。之所以说“山雨欲来风满楼”，就是因为当雨还没下但阵风刮起的时候，就预示着这个区域对流云发展是非常旺盛的，或者说旺盛的对流云正在接近你所处的地方。

同样，之所以暴雨来时天会变黑，是因为当暴雨云团开始逐渐发展，对流云特别旺盛的时候，云的厚度就增加了。云一厚，其遮光、散射和反射光的能力也就增强了，所以在云底下就会觉得天变暗了。

第三个问题是，为什么“涝一线”“旱一片”？

简单来说，在一个锋面系统上，暴雨云团是此起彼消，一个接着一个的，所以在近地面出现的雨带也是呈带状的。从涝的形成原因上看，所有地方下的雨一定是从高处流向低处的，而低处往往是大江大河的河道，所以强降水导致的洪涝，往往都是径流形成以后向低洼处汇聚，最后形成洪峰，进而影响整个流域，所以它往往是“一条线”。

而干旱的形成是因为没有冷暖气团的交汇，降水少。干旱地区往往会长期由单一的气团所控制，并且呈区域出现，之所以呈区域出现是因为气团的控制范围是一个面，呈区域状。

真有“暴力梅”吗？

“暴力梅”的说法大家可能或多或少都听到过，但其实这个说法在气象专业上是没有的，它是媒体创造出来的。要想了解“暴力梅”，我们首先要知道“梅雨”到底是怎么回事。

梅雨是东亚夏季风向北推进的阶段性产物，是指始于初夏时节从中国江淮流域到韩国、日本一带雨期较长、降水连绵不断、多雨闷热易生霉的天气气候现象。

正因为梅雨是在特定天气条件下出现的，所以每年梅雨也会呈现出很多不同的特征。像早梅、迟梅、空梅、倒黄梅，它们都是因不同的天气原因造成的。而“暴力梅”往往形容梅雨期持续时间长、雨量大，2020年无疑是符合条件的。在历史上，1954年、1969年、1983年、1998年、2016年等都出现了梅雨季持续时间长、梅雨量大的情况。

结合具体形势来看，2020年6月12日前是华南前汛期，此时整个副热带高压是在某一条纬度线之下的，而6月12日以后，副热带高压一个北“跳”，“跳”到了这条纬度线以上，这个时候江淮流域就出现了梅雨。通过梅雨与副热带高压的关系，其实我们可以大体预测梅雨季的形势，但是具体的入梅和出梅还是要结合具体天气实况去判断。

提到梅雨就避不开“梅雨锋”，那么，梅雨锋是冷锋、暖锋，还是锢囚锋？实际上如果细分的话，这些都不是，梅雨锋最像静止锋，但又有区别。因为静止锋虽然是相对静止的，冷暖空气交汇，双方“僵持不下”，势均力敌，但最多停留三五天，而梅雨锋是可以停留几十天的。

虽然很多人把2020年的梅雨形势比喻为“暴力梅”，好像很异常，但其实这种梅雨形势是非常典型的，只是因为持续时间长造成了很严峻的后果。

2020 年受梅雨影响比较严重的区域有一个共同特点，那就是它们的梅雨季提前来又晚结束，也就是把整个梅雨期拉长了，降水量自然就累积起来了，也就造成了巨大的防汛压力。

2020 年梅雨量大，极端降水事件频发；2020 年梅雨期入梅时间早，出梅时间晚，梅雨期持续时间长。

在 2020 年整个梅雨季中，雨区重叠度高，累计雨量大；单日雨量大，极端性强；长江流域降雨量 486.8 毫米，较常年同期偏多 54%，为 1961 年以来历史同期最多，由此带来了许多汛期险情。虽然“暴力梅”不是一个专业词汇，但是能够引起公众对梅雨的重视，也是一件很好的事情。

最后，如果对 2020 年“暴力梅”的形成原因做一个总结的话，或许与以下几点有关：西太平洋副热带高压系统长时间持续异常；中高纬度经向环流发展、冷涡活跃；来自南海和西太平洋的热带海洋暖湿气流强盛；春季前期结束的弱“厄尔尼诺事件”及赤道印度洋海温异常偏暖；北极地区的异常增暖与青藏高原前期积雪偏多。

怎么样躲避暴雨天气危害?

不管怎么说，暴雨是不以我们人的意志为转移的，那么当我们遇到的时候，应该怎么办？我们能做什么？

首先我们要了解，暴雨预警有几级。

暴雨预警分为四级：蓝、黄、橙、红。其中有两个要素是区分预警严重度的，一个是影响的时间，一个是降雨量。比如说，最低的蓝色预警指的是 12 小时内降雨量将达 50 毫米以上，或者已达 50 毫米以上且降雨可能持续。而最高的红色预警指的是 3 小时内降雨量将达 100 毫米以上，或者已达到 100 毫米以上且降雨可能持续。

其次，当面对不同类型的洪涝灾害时，应该怎么做?

应对流域型洪水，应该科学规划城市布局，分洪、泄洪、蓄洪科学调度；应对城市内涝，人、车要避免陌生地段涉水；应对海岸型洪水，要临时撤离，因为这种情况容易形成海水倒灌；应对山洪、泥石流等突发灾害，则要提前了解预警信息，避免在河道及附近逗留、宿营。

同时，由于伴随暴雨而来的还有强对流天气，因此还要防范伴随而来的雷电、大风、冰雹、龙卷风等造成的危害。

如果再具体一点的话，暴雨来临之前我们可以自己做一些准备工作：检查、清理屋顶、水沟和落水管；检查户外易松动的物件；准备塑胶购物袋，在需紧急引导雨水时当沙袋使用；将家中怕湿的物品、电器移往高处；取消不必要的出行计划；在山区要注意地质灾害预警，并注意监测。

对于可能受暴雨天气持续影响的地区，我们还应该准备一些应急包，其中可以包括下面这些工具：可使用电池的收音机和手电筒；蜡烛和防水火柴或者煤气灯；适量饮用水和罐装食品或干粮；急救药箱和基本的个人药品；用来装衣物和贵重物品的防水袋；紧急联系人电话号码列表；汽车适用的手机充电器。

另外，当暴风雨临近时，必须停止在河道、户外游泳；行人和驾车应避开山体、树木、电线和低洼处；躲进坚固建筑物、避免使用电话。

当暴风雨结束后，要检查周围环境损害情况；远离掉下的电线并打电话报告；绕开不熟悉区域的水体、围墙、山体；如有需要，帮助邻居。

我们都知道，应对暴雨灾害，应该及时获取预警信息，听从指挥，重要的是注意预警发布时效、预报涵盖时效等。那么，你能看懂天气预报吗?

最后举几个例子给大家做参考，希望大家能对这些预报用语有所了解，做到趋利避害。“今天夜里到明天白天”指的是“当天20时至次日18时”；“今天夜里到明天”指的是“当天20时至后天08时”；“下午到夜里”指的是“当天14时至次日05时”；“今天白天”指的是“当天08时至20时”。

“游山玩水”长才干

在浩瀚无际的宇宙当中，星球数以亿计，但直到现在只有地球上拥有人类。地球养育了人类，人类也在不断地探索地球。人类所面临的一切：资源、能源、环境、生态、气候、灾害、生存和发展，都离不开地球。

如果把地球 45 亿多年的历史“浓缩”成一天，那么第一批最简单的单细胞生物大约出现在凌晨 4 点钟；21 点后三叶虫徐徐登场；22 点，植物开始出现在大地上；再过上一小时，到了 23 点，恐龙登上舞台；直到午夜前的 20 分钟，哺乳动物的时代才拉开了帷幕。那么，人类何时出现呢？请耐心地等到午夜前 1 分 17 秒，也就是 23 点 58 分 43 秒。如此计算，在地球 45 亿多年的漫长历史长河中，人类的历史迄今也才只有短暂的一瞬。

刘嘉麒

中国科学院院士、中国科学院地质与地球物理研究所研究员

实践是增长才干的必由之路

人类生存在地球上，自然要跟大自然打交道。对于从事地质工作60多年的我而言，大自然美好而奥妙，在它面前，人类始终渺小。

从事自然科学研究的人必须勇于实践，即使信息技术再发达，也离不开实践。自然科学，特别是地球科学、宏观生物学、天文学等都少不了和大自然打交道，我们必须进行科学考察和科学探险，常常要跋山涉水，四海为家，生活没有定所，工作流动性比较大。走路多、吃苦多，但是长的见识也多。在大自然中能够开阔眼界，增长才干，增强解决问题的能力。应该说，经验来源于实践，信心来源于实力。经验多，实力强，自然而然就增强了信心。

我们曾在国内的一些地方进行野外考察，如黑龙江的五大连池、青藏高原、藏北色林错、台湾的野柳公园、新疆的罗布泊等。

位于长白山的望天鹅是一片原始森林，野兽栖息，很少有人进入。为避免危险，当地政府派了边防战士与我们考察队一同前往。

我们也有一些国际合作的考察项目，比如到南极、北极考察，还有印度洋中的一个火山岛——留尼汪、地中海、意大利的西西里岛等。我们在考察埃特纳火山的时候，正好遇到火山喷发，在火山口附近，岩浆还没有喷发出来时可以短暂接近。我也曾到达东非大裂谷考察，为了安全需要，由当地人带枪陪同一起前往。

考察时，我们认识和发现了许多新的自然现象，从中能够见证理论，获得第一手资料。除了专业知识，我们还会学到许多其他方面的知识和技能。比如1989年，我带着一个中日考察队在可可西里考察，一共有11台车，32个人同行。一天早晨，大家按照计划分开到各自考察的地区进行考察。后勤车辆直接到大致18公里外的新据点安营扎寨。到了晚上，所有考察队员都到了新的营地，唯独没见到后勤车。那时候没有手机，也没有通信设备。当时天已经黑了，该怎么办呢？

我跟在场的队员商量着，要赶快找到丢失的后勤车。于是，我请教其他司机，有没有谁认识黄河车（后勤车的车型）的车轮印。正好两个从部队转业的司机开过这种车，对车轮子比较熟悉。我们开着吉普车，花了一个多小时回到早上出发的地点，再到有沙土的地方寻找车印，找到了车印，就能追踪车的去向，凌晨三点钟，我们终于找到了后勤车，把车带回了营地。

在野外，类似的情况可能会常常出现，不仅要认真对待，还要冷静，找到解决问题的方法。

让一切都处于原生状态

我曾到过全球的七大洲、五大洋。给我印象深刻的是不同的地方有不同的风光，不同的民族有不同的文化。

1832 年，美国艺术家乔治·卡特林 (George Catlin) 在旅行的路上，对美国西部大开发给印第安文明、野生动植物和荒野造成的影响深表忧虑。他在游记中写道："它们可以被保护起来，只要政府通过一些保护政策设立一个大公园、一个国家公园，其中有人也有野兽，所有的一切都处于原生状态，体现着自然之美。"

西奥多·罗斯福 (Theodore Roosevelt) 曾说："让它保持原貌，不能改良这块土地，把它留给你的孩子，留给你的孩子的孩子，留给你所有的后代子孙，这是每个美国人都应该看到的伟大景观。"他认为："疲惫、精神紧张、过度文明的人们会开始发现，走向山地就是回到了家，荒野是种必需品；山地公园与保护区的功用不只是作为林木的源泉以及灌溉的河川，也是生命的源泉。"

大自然对人类来说，太重要了。所以，1872 年美国国会通过了一项史无前例的法案，规定黄石地区"在美国法律下予以保存，并免于开垦、占据或买卖，为了人民的福祉和享受的缘故，被划定为公众公园或休闲地"。

黄石公园的建立，对保护自然景观起到了很大作用，后来国际上又陆续建立了很多国家公园和世界公园。

中国的地质公园与自然遗产

截至 2019 年，我国经自然资源部陆续批准命名和授予建设资格的国家地质公园有 274 处；全球现有世界地质公园 148 个，分布于五大洲的 38 个国家和地区，其中位于中国的有 39 个；中国还有 18 个世界自然遗产。可以说，中国的地质公园、世界地质公园和世界自然遗产都居世界第一位。

实际上，我国的自然遗迹各具特点。如泰山，由变质岩地貌形成，年龄至少在 27 亿年以上，被誉为"五岳"之首。历代皇帝都要驾临玉皇顶去朝拜山体，孔子有"登泰山而小天下"之意愿，诗人杜甫有"会当凌绝顶，一览众山小"之气魄。

再如黄山。它是由花岗岩地貌形成的景观，是我国乃至世界非常著名的景区；跟黄山并驾齐驱的是江西的三清山，因玉京、玉虚、玉华三峰宛如道教玉清、上清、太清三位尊神列坐山巅而得名。

除了上述由岩浆形成的地质地貌景观外，我国还有一些由火山形成的地貌景观，如位于黑龙江的五大连池，它不仅是世界地质公园，也是著名的火山自然博物馆。

素有“匡庐奇秀甲天下”之美誉的，是以雄、奇、险、秀闻名的庐山，其三叠瀑布的壮观，让李白写下了“飞流直下三千尺，疑是银河落九天”的美句。庐山的“飞来石”不仅具有很高的观赏价值，而且对冰川学等有重要研究价值。

丹霞地貌属于沉积岩地貌，广东、福建、江西、贵州等地都有分布，其中张掖红层最为知名；以张家界为名的“张家界地貌”，是一种由砂岩形成的独特地貌，其石柱、石塔、石林等奇峰峡谷非常壮观；云南、贵州、广西较多的喀斯特地貌，有溶洞、湿地和湖泊，是世界自然遗产之一；既是岩溶地貌又是冰川地貌的代表——九寨沟，其中的众多湖泊很是精彩。

在我国，还有一处举世著名的地貌景观——三江并流，是世界遗产和世界地质公园。它位于云南西部，从西边到东边有怒江、澜沧江和金沙江，三条江并行分布，而且最近距离只有 100 多公里，在这么短的距离有三条大江并行，地貌景观非常宝贵。

沙漠地貌方面，中国有世界上第二大沙漠——塔克拉玛干沙漠，还有位于内蒙古西部和甘肃北部的阿拉善沙漠。巴丹吉林沙漠是阿拉善沙漠的主体。沙漠地区一般是没有水的，可是在巴丹吉林沙漠里有 100 多个小湖泊常年有水。一方面干燥一方面又有湖泊，这样的地质地貌景观在全球其他地方还没有发现。

化石是重要的地质遗迹，如云南澄江发现的澄江动物群。达尔文认为生物是从低级向高级不断进化的，但是在澄江动物群这么小的范围内发现了 16 个门类，200 多种生物聚集在一起，既有高等生物，也有低等生物，这一发现对达尔文生物进化论是一个很大的挑战，也是对生物进化的一个新的认识。所以在探讨生物进化时，澄江动物群具有重要意义。

另外，神农架既是世界自然遗产、人类与生物圈的保护区，也是世界地质公园，那里的生态环境非常重要。

在沿海地区，江苏北部盐城一带滨海地区有麋鹿的故乡、丹顶鹤的家园，还有中华鲟的摇篮；从江苏到山东和辽宁沿海地区，湿地非常多且宝贵。到了青藏高原可可西里，不光有高原、冰川，还有好多的湖泊和牦牛、野驴等生物，是重要的自然保护区。

大熊猫是我国的国宝，也是世界的宝贵生物，在四川有大熊猫的故乡，它也成为世界自然遗产的一个保护地。

四川峨眉山的大佛是世界上用自然地质遗迹雕塑的最大的佛像，它把地质与宗教有机地结合了起来。

在我国台湾，有野柳公园的海蚀地貌，看似女神雕塑；澎湖列岛的柱状火山岩奇观；高雄泥火山，它由泥浆与气体同时喷出地面后堆积而成。

这些宝贵的自然遗产和自然景观不仅给我们带来美的享受和艺术的熏陶，也需要人类不断地考察探索，更需要我们的保护。

世界这么大，要走出去看看

大自然有许多的奥秘需要我们不断探索。不管是小学、中学还是大学，除了在课堂上学习，还要创造条件让学生们多接触大自然，到大自然中长见识。

在接触大自然的过程中，我们锻炼意志、陶冶情操、心胸开阔、强身益寿，也会对整个世界有一个新的认识。我在年轻的时候，当时的国家领导人经常教导我们胸怀祖国、放眼世界。

不走出去又怎么能放眼世界呢？所以要多走出去。

走出去，才能有新的认知和发现。我的中学地理老师告诉我中国有 960 万平方公里的土地，直到我走出课堂，才知道中国不但有 960 万平方公里的土地，还有 300 多万平方公里的海洋。

按照国际条约，南极是属于全人类的，而且主要用于科学考察，各国在那里不能有领土和资源要求。以前都是西方国家到那里考察、建站，现在我们国家也在南极和北极建立了中国考察站，当看到五星红旗在极地上空飘扬的时候，我感到特别激动。

希望年轻的朋友们也能够到野外去看一看。不管是学校组织还是家庭安排的，找机会出去多接触大自然，多了解大自然，在那里你不仅可以增长才干，而且还可以获得更多的知识。

“它”改变了人类历史
——漫谈真菌世界

据专家保守估计，全球真菌约有150万种，目前人类已知约12万种。真菌到底如何改变了我们的世界？在食、药、医、农、林、生物、环保领域中，都少不了它们形态迥异的活跃身影。

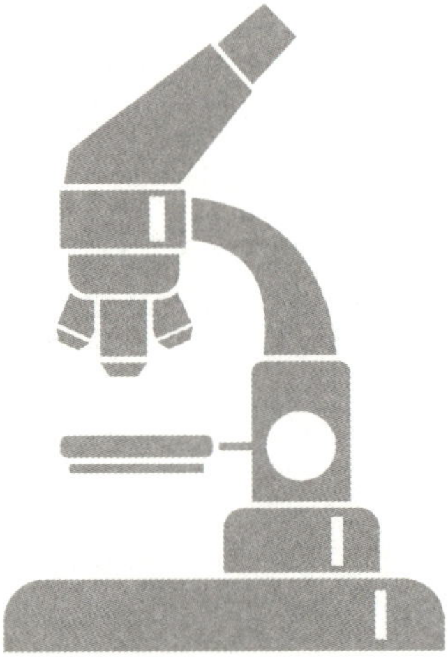

庄文颖

中国科学院院士、中国科学院微生物研究所研究员

真菌从孢子萌发至菌落形成

真菌种类繁多，形态迥异，展现形式丰富多彩。比方说，杏子发霉、腐烂的树干上长出一些云片状的结构、地上的蘑菇、高原地区的虫草、银耳、灵芝……

什么是真菌？作为真核生物，真菌以单细胞、菌丝体，以及由菌丝体构成的各种结构存在于自然界，它不能利用光和色素制造营养，以吸收式营养方式生活，绝大多数种类依靠孢子来繁衍后代，我们给真菌的繁殖结构起了一个名字，叫“子实体”。比如，蘑菇是子实体，虫草也是子实体。

真菌大小差异很大。蒸馒头和做面包都要放的酵母，它是单细胞生物，非常微小，肉眼不可见。而有的蘑菇十分巨大，最高能有半人高。

真菌的繁殖体叫孢子。有的孢子是带有鞭毛的，可以游动，即游动孢子。有的菌丝分枝的顶端产生一些球形、椭圆形或者其他形状的结构，叫分生孢子。有些孢子是内生在囊状体中，叫子囊孢子。有些孢子是暴露的，外生在一个膨大的担子上，我们管它叫担孢子。扫描电镜下，真菌孢子表面平滑或者带有各种各样的纹饰。

当孢子萌发的时候，它会产生一个短的管状结构的“部件”——芽管，芽管可以向不同方向延伸，并且产生分枝，逐渐发展成一个群体，我们称之为菌丝体。大量菌丝体组合在一起，就形成了菌落。

壶菌是真菌中非常简单的类型，当它进行营养生长的时候，整个菌体都是营养体；当它进行繁殖的时候，全部转化为繁殖体，产生游动孢子囊和游动孢子。接合菌由两个配子囊接合在一起，发生核配和质配以后，就形成了有特征性的接合孢子，然后通过无性繁殖产生孢子囊和孢囊孢子。球囊菌一般与植物生长在一起，是共生的，它在植物内部可以吸收外界营养，帮助植物生长。子囊菌形成棒状或其他形状的囊状体，称之为子囊，内含八个子囊孢子；可产生壳状、盘状或者其他形状的子囊盘。

真菌在自然界是如何生存的?

真菌在自然界有很多生存策略。首先，最常见的方式是腐生，也就是在死体上生活。原始森林里的倒木是死体，蘑菇生长在倒木上，那就是腐生。真菌还可以在土壤里面腐生，我们抓一把土，把它制成土壤悬浮液，然后涂抹在含有抗生素能够抑制细菌的培养基上，真菌可以产生各种各样的菌落。

真菌可以在动物和植物上寄生，从而引起病害，寄生在人体上可以引起疾病。

真菌可以与藻类共生，这种共生体，我们给它起了一个特殊的名字叫“地衣”。

真菌与藻类紧密结合，形成了一个共生体，藻类提供真菌所需营养，真菌的分泌物能使藻类生长，它们之间是互惠共生的关系。真菌还能与植物共生，形成菌根，帮助根系更好地从环境中获取营养物质。

在极少数情况下,真菌还能以捕食为生。当线虫钻入真菌形成的环形“圈套”中时，由真菌细胞构成的环状结构会立即膨大，将线虫死死地卡住，然后从线虫体内获得所需的营养。

人类对真菌的利用

我国是利用真菌最早的国家，在食品、医药、酿造等方面很早就有记载。早在新石器时期，我国就能够利用真菌发酵来酿酒。东汉末年的《神农本草经》记载了 12 种真菌药物，根据它们的形态、色泽、功能进行分类，并且论述了它们的药性，其中茯苓、雷丸、紫芝、木耳等至今仍在沿用。南朝的时候，贾思勰写的《齐民要术》里记录了制曲和酿酒的方法，系统地论述了发酵工艺。孙思邈的《千金方》记载了真菌可以引起头癣。李时珍的《本草纲目》记载了 34 种真菌，它们都是药材，李时珍在书中对它们进行了分门别类。从上面可以看出我国古代真菌学的研究水平是很高的。

下面介绍几位我国真菌学界有影响的人物。首先是戴芳澜先生，他是中国真菌学研究领域的先驱。他的巨著《中国真菌总汇》汇集了 1775 ~ 1975 年共 200 年间国内外学者报道的中国真菌。

邓叔群先生也是中国真菌学先驱。他的著作《中国的真菌》记载了 2400 种真菌，提供了关于它们的描述、检索以及部分菌种的图解。

余永年先生是我国杰出的真菌学家,他抱病主编了《中国菌物学 100 年》这部著作。这部著作记述了国人 100 年来在真菌学研究方面取得的成就。

真菌和人类形影不离。制作面包离不开酵母菌，腐乳、酱油、啤酒的酿造过程中，也都离不开真菌。我国食用菌占世界总产量的 50% 以上，二孢蘑菇、灵芝、杏鲍菇等食药用菌的栽培已成第五种植产业。羊肚菌在 20 世纪 80 年代很难被栽培，但是我们国家现在已经可以大面积栽培。

真菌对人类和科学发展做出了巨大的贡献。英国科学家弗莱明在进行细菌培养时，培养皿受到了真菌污染。真菌产生了抗生物质抑制了细菌的生长，产生了抑菌带，弗莱明因此发现了青霉素。青霉素不能小视，它的发现将人类平均寿命延长了 20 岁。后来又陆续发现了头孢霉素、灰黄霉素、麦角碱、胡萝卜素、核黄素等一些药物，它们都是由真菌产生的。

真菌在工业上除了用于酿造以外，还有其他用处，比如说，亚麻的脱胶、织物退浆、造纸工业、制革工业、甘油发酵、有机酸的生产、食品发酵等都离不开真菌。因为真菌可以分泌果胶酶、淀粉酶、蛋白酶等酶类，所以它们在工业上起到了非常重要的作用。

真菌和现代生物学的发展也是息息相关的，有一种菌叫粗糙脉孢霉，它被最先用于真菌遗传学研究，从而使真菌遗传学成为一门独立的学科。真菌还有同宗配合和异宗配合现象，在此基础上，人们发现了真菌的多型性。人类有的时候会被真菌感染，例如皮肤病，由此发展了医学真菌学。

真菌毒素学是随着致癌物质、毒蘑菇、中毒机理的研究逐渐发展起来的一门独立的学科。作为比较原始的真核生物，真菌参与了揭秘生命之树，就是人们通常讲的真菌的系统演化研究。另外，真菌可以产生活性次生代谢产物，基于此，人们陆续发现了很多新的产物，它们为新药的发现打下了坚实的基础，由此衍生出了真菌化学。基于对酵母、曲霉等简单真菌的研究，人们建立了真核生物的基因表达系统，这个系统的建立为探讨真核生物的基因与其功能奠定了基础。

此外，酵母菌是第一个实现基因组测序的真核生物，该研究发展了基因组学。真菌还可以用于生物防治，实现“以菌治虫”“以菌治菌”，它为创造一个良好的人类生存环境做出了贡献。

在浩瀚的生命世界里，在生物进化的漫漫长河中，真菌扮演了非常重要的角色，并且必将影响人类的未来。让我们继续发掘自然界真菌资源，不断认识真菌，开发和利用真菌，使真菌更好地造福于人类。

核电流言知多少？
——破除偏见，理性认知核电

近年来，“核电安全”频频成为社会热门话题，越来越多的人也开始谈“核”色变。人们不禁要问：核电是什么？我们为什么要发展核电？核电站的辐射很大吗？它真的会让人身患绝症或者不孕不育吗？核电站到底是造福一方的新型技术，还是隐忧重重的潜在危机？对核电的恐惧到底是悲观主义者的杞人忧天，还是出于理性的一种未雨绸缪？

张子立
中国科学院电工研究所副研究员、
北京工业大学兼职导师

离不开的核能发电

“能源危机”，这是一个近年来被频繁提及的话题。如今大多数人都已经意识到，不论是石油、天然气，抑或是煤，人类主要使用的这些化石能源都是“有年限”的，总有一天会被“用完”。同时我们也发现，这些化石能源产生了大量的二氧化碳，加速了全球气候变暖，进而导致这些年极端天气频发，给人类造成了巨大的损失。所以我们渴望找到一种方法，既能帮我们解决能源危机，又能提供一种发展与减排并进的选择。

为此，世界各国陆续签订了《联合国气候变化框架公约》《京都议定书》和《巴黎气候协定》等协议，希望通过共同的努力，在发展的同时也能实现保护环境、遏制全球变暖的愿望。《巴黎气候协定》中更是明确规定，工业化之后的全球气温较之前不能超过 2℃。尽管这一数值遭到很多政府的反对——在他们看来，2℃的标准过于激进，会影响经济发展，但在学术界看来，2℃远远不够，全球气温升起来容易，降回去却很难。

对于世界上大多数国家而言，发电还是二氧化碳排放的“大头”：相较于欧盟（20%）和美国（30%），我国发电还是以煤炭为主（55%），其次是水电，而我们今天的主题——核电的占比反而非常低。举例来说，法国是全世界核电发电占比最高的国家，核电占比约为 72%，韩国占了 30%，欧美等则保持在 20% 上下，只有中国，核电的占比一直徘徊在 4%。尽管在技术上我们并不落后，但中国始终没有计划大力发展核电——截至 2018 年，全世界正在运行的机组有 448 座，中国只有 45 座，而在建的 59 座当中中国也只有 11 座。未来，我国也会始终将核电占比控制在 5% 左右，而这一数值远远低于美俄欧的 20% ~ 30%。

谈到核电，我们就不得不提反应堆。所谓“一代堆”大部分是指实验堆，是最早一批的核电站，现在已经几乎见不到了；“二代堆”是现在最多的反应堆，根据冷却介质可以将其分为轻水堆、重水堆和气冷堆，世界上 95% 的反应堆都是轻水堆，压水堆和沸水堆则是轻水堆中最常见的两种类型。轻水堆一旦没有流水降温，它的温度就会升高并产生一系列连锁的恶性反应，这就是核电站最怕出现的问题——失冷。为了防止反应堆失冷，增强核电站的安全性，人们在“二代堆”的基础上又提出了“三代堆”。从本质上看，“三代堆”在堆型上几乎跟“二代堆”没有太大差别，真正从反应堆构造就有所区分的只有“四代堆”，但后者目前多数还停留在实验室阶段。

人们之所以选择核电，一方面是因为它的能量密度大、燃料体积小；另一方面是看重它几乎不会污染空气，有利于节能减排。加之原料占运营成本低，发电成本稳定，这些都让核电在一些国家广受欢迎。然而它的缺点也很明显：如何妥善处理乏燃料是核电目前最棘手且无法规避的问题，其次核电的热效率很低，热污染也较为严重；第三，建造核电站的一次性成本太大，并附带了很多复杂的社会政治因素，导致人们对它的安全性一直充满疑虑。

习焉不察，谈谈生活里的辐射

在解答与核电站有关的辐射安全之前，我们需要先正确认识辐射。日常我们所说的辐射大多时候指电磁辐射，根据频率或者说是波长的变化，可以被分为无线电波、微波、红外、可见光等很多种，最常见的就是人们每天都能看到的可见光。那么，我们该如何评判一种电磁辐射对人是否明显有害呢？关键要看它的频率，且仅跟它的频率有关，跟照射强度、照射时间都没有关系。换句话说，只要它的频率不过警戒线，那么它对人体基本不会造成明显的危害。

对于辐射安全，我们其实有着很大的误解。首先，中国在电磁波强度单位的标准制定上，本身就比国际标准要严苛——欧美日的标准一般是100瓦/平方米，而我国的标准是0.4瓦/平方米；其次，多数人其实并不真正了解辐射，对于辐射，他们存在着很大的认知盲区。譬如手机，一些人只知道它在接通的一刹那辐射很高，却不知道只要接通了，它的辐射就小于0.4瓦；对于辐射只有0.07瓦的WiFi，甚至是电磁炉、微波炉这些辐射几乎都测不出的电器，大家都特别担心，反而对功率最大的电磁辐射——日光“视而不见”。要知道，日光的电磁辐射将近1000瓦，远大于任何你能看到、“担心”的辐射。

前几年网上有一种谣言说，中国高铁虽然发达，但是辐射也大，会让人“不孕不育有损健康”。事实上，高铁用的是50赫兹的工频电，远远达不到警戒标准——1015赫兹频率以上。还有人担心住在高压电线旁会对身体有害，其实高压线“高”的只是电压而非频率，这种担心完全是多余的。类似的还有防辐射孕妇服，复旦大学发布了研究结果，证实了穿孕妇服和不穿孕妇服对胎儿的畸形率没有统计学的意义。换句话说，穿这种衣服能防住的“辐射”都对胎儿没有影响，真正有害的譬如X射线，穿这种衣服压根也防不住。

当然，在评定电离辐射对身体的伤害时，我们还需要参考剂量。人们发现，当累计辐射量达到400毫西弗时，对男性的生殖器官才会造成最大损害，这相当于健康人一口气做了80次腹部CT，拍了2万次胸片。也就是说，即便是日常去医院做个CT、拍个 X 光，这种辐射剂量都不会对人体造成明显损伤。

当我们谈核电辐射安全时，其实是从技术安全和社会接受度两个角度来理解的，毕竟技术上安全和人们认为的“核电达到了安全标准”是有很大差距的：在技术上，美国 1982 年就提出了“两个千分之一”的安全标准，这个标准世界上所有核电站都能做到，但还是有很多人认为核电危险，要求核电只有做到“100% 安全”才算安全。然而不只是核电，甚至是水电风电等任何设施和工程都不可能做到 100% 的安全，通过人工设计将故障率降低至人为误差以下才是对“安全”的理性认识。

天灾还是人祸？被误读的核事故

不可否认，尽管核电技术是安全的，但也存在发生核事故的可能。

国际原子能组织将核事故分为七个等级，在理论上，一些文件中会将 1 ~ 4 级的事件称为“核事件”而非“核事故”，这是因为 4 级以下的影响只局限于厂内甚至是反应堆内，只有 5 ~ 7 级的核事故才会真真正正地波及周边环境。值得一提的是，并不是所有的核事故都发生在核电站内，凡事都有例外——1987 年巴西发生过一起 5 级核事故，一家医院在报废放疗机时并没有按要求处理，而是直接将报废机器送到了废品厂。这场核事故最终导致一百多人受到了超剂量辐射，4 人因此死亡。

那么，那些发生在核电站的核事故到底应该算是天灾还是人祸呢？通过“复盘”三里岛核事故和切尔诺贝利核事故，我们或许可以好好反思一下。

先说说三里岛事件。1979 年 3 月 28 日凌晨，美国宾州的三里岛核电站二号机组发生了事故，造成事故的主要原因是机组的二回路水泵坏了。按照设计，在出现这种情况时核电站的备用泵会自动启动，但是在之前的定期检修中，工作人员检修完毕后却忘了打开阀门。这一连串的“不小心”直接导致备用泵虽然启动了，但是阀里没有水，进而使一回路的温度持续爬升。随着一回路温度越来越高，冷却水进入气态，压力壳容器中压力开始升高，从而触发了泄压阀，开始释放压力。但是泄压阀并没有自动归位，进而导致一回路中出现失冷现象。此时应急冷却系统开始向一回路补充冷却剂。如果只是一些技术故障其实还能补救，但更要命的事情发生在之后——操作人员因为慌乱，竟然手动关闭了自动启动的应急冷却系统，险些酿成大灾难。

在后续的调查中人们意识到，三里岛核电站的主控面板存在着巨大的设计缺陷——报警系统不区分等级，一旦出现问题，主控面板上 100 多个灯会跟警鸣一同狂闪，犹如“火上浇油”般干扰操作人员的临场判断。

至于切尔诺贝利事故，事情就更复杂了。1986 年 4 月 26 日，当时人们正要关机检修切尔诺贝利的 4 号机组，结果机组的总工程师突然提议，想借机检测机组的应急冷却系统。尽管没有准备任何应急预案，尽管机组因为建造太早，必须在手动关闭安全系统之后才能做这个实验，但人们依然决定“大胆尝试一番”——哪怕这是一个鲁莽冒进、漏洞百出的计划。事后官方给出的数据显示，除了当场死亡的 31 个人，这场相当于一起向欧洲投射了 400 枚原子弹的核事故，最终导致近 16.5 万人残疾。时至今日，其周边 30 公里的范围内依然是生命禁区，100 公里范围内禁止农牧发展，直接经济损失超过 20 万亿美元。

值得一提的是，在面对如此重大的人祸时，虽然明知前方凶多吉少，但仍有一大批抢险人员选择冲进现场进行抢救。正是有了他们的无畏付出，这才有了今天尚有挽回余地的切尔诺贝利。相比之下，反而是一直不被正视、长期无法得到妥善处理的福岛核电站，或许才潜藏着巨大的危险。

回顾过去，无论是三里岛核事故还是切尔诺贝利核事故，虽然都存在设计问题，但人为主观操作失误始终是酿成悲剧的关键。

“不吹不黑”，理性认识核电

这些年，核电站经常被“妖魔化”，像“核电站建在海边是为了方便直接排放污水”这种谣言，事实上，很多核电站并没有建在沿海地区，而是选择建在内陆，而那些选择建在海边的核电站更多的是为了方便排热，绝非排污。

自从美国发生 9·11 事件后，还有人担心核电站的安全，提出“如果遇到袭击，核电站被撞了要怎么办”的质疑。暂且不说一般的核电站也就只有 70 米高，就从核电站本身的设计来说，它们不仅会在外面“穿”一层安全壳——1 米厚的钢筋混凝土，而且内部的钢筋含量一般也都在 110 千克上下，比世贸大楼几乎多出 50 千克。也就是说，如果世贸大楼是一根“又细又高”的木棍，那么核电站就是一个“又矮又粗”的木墩，想从天上用飞机来撞击它着实不易。

然而还有人不放心，认为不能排除这种被恐袭的概率，为此，其实各国在 9·11 事件后也都有所考虑，加强了对自己国家核电站的保护，比如给它多“穿”一层安全壳——你撞坏一个，里头还有一层保护。至于核电站会不会变成蘑菇云，从理论上讲，核电站的核心组成无论怎么撞、被撞成什么样，就算是从内部破坏它，都不会引发一场“蘑菇云”。究其原因，核弹爆炸的前提是小范围、大剂量，且需要以 95% 以上的浓缩铀为燃料，而核电站用的不是浓缩铀，而是铀。一般来说，核电站所用铀的含量约为 4%，虽然不同堆型会略有不同，但想通过飞机袭击让这 4% 的核燃料发生核爆几乎是不可能的。

到此为止，核电站的外界风险因素我们解释完了，那内部危机呢？恰如反对者所认为的那样，因为放射性物质能保持百万年，所以建造核电就是饮鸩止渴，是“长远角度祸及子孙的选择”。事实果真如此吗？

首先我们要承认，乏燃料的放射性的确能保持百万年，甚至百亿年都不成问题——乏燃料棒中主要的材料是铀 238，它的半衰期是 45 亿年，十个半衰期就是 450 亿年，也就是说一个乏燃料棒能持续辐射 450 亿年，这是不是很可怕？恰恰相反：衡量一种放射性物质是否有危害，主要看的是它的放射性活动，放射性活动越高的东西实际上半衰期越短，半衰期越长的物质反而危害越小。

举例来说，如果有 1 克的放射性物质，它在一天就会衰变一半，那么十天内就会全部衰变完，用最简单的计算来看的话，你每天接受的辐射量差不多是 1/10，如果衰变的时间更长，那么你每天受到的辐射量就更小。正因如此，我们时常会看到核电站的工作人员戴着手套就可以操作燃料棒。然而，我们同时也要记住，乏燃料棒中也有大量中短裂变产物和长裂变产物，这些东西是能够对人类造成危害的，这也就是为什么每次取出乏燃料棒后，我们还得把它在水里继续放十年，其目的就是要尽量降低这些中短裂变产物对人的危害。

简而言之，乏燃料棒并没有那么可怕，但也不是不可怕。目前，全球都在研究如何更好地处理乏燃料棒，例如通过水内静置去除掉中短裂变产物，或是尝试通过后处理，将元素分离出来后再去更好地固化静置。

福岛发生核事故后，围绕核电站的发展一直争议不断。人们不禁要问，全球真的对核电因噎废食了吗？不然。目前，除了个别国家及地区，全球多数国家已经拥有并且还在兴建新型的核电站，这其中既有中、美、英、法、俄，也包括巴西、印度、阿根廷等重要的发展中国家。对于部分不再扩建核电站的国家，要么是因为现有需求已经能基本满足了，要么是因为本国的特殊国情：作为一种密度非常高的能源，核电最适合像日本这样地狭人稠的国家，而澳大利亚这种地广人稀的国家自然不需要，而像挪威和冰岛这种仅靠水电和地热就已经能做到 90% 以上可再生能源覆盖的国家，自然不需要再投入大量的财力物力来发展核电……可以说，不管是曾深受切尔诺贝利影响的白俄罗斯，还是燃油发电都比核电便宜的阿联酋，发展核电站如今被多国视为事关国家级能源安全的重要问题。

中国是对核电的安全最重视的国家之一，早在2014年3月，习总书记就在海牙首次提出了中国核安全观，提出发展与安全并重、权利与义务并重、自主与协作并重、治标与治本并重。两年后，我国出台了中国第一本核应急白皮书，同年，核安保示范中心、核应急救援队陆续建成，随着《中华人民共和国核安保条例（征求意见稿）》《核电管理条例（送审稿）》《中华人民共和国核安全法》以及《中华人民共和国原子能法（征求意见稿）》等政策文件的出台，可以说，我国正在核电依法治国的道路上大步前进。

当可再生能源尚不能在全球挑起大梁的情况下，发展核电虽然不是最佳的选择，但作为一种可接受的选择，它着实是我国清洁能源中一个必不可少的重要组成部分。

第三章

求真探索

埋下“惊奇”这颗科学的种子在心间，

很多时候，探索真理比占有真理更宝贵。

与“真实”的爱因斯坦相遇

2020 年 3 月 14 日是爱因斯坦诞辰 141 周年，这位伟大的科学家在今天仍深刻地影响着我们。爱因斯坦的形象深入人心，在德国的幻想博物馆内展出过这样一张照片，它由各种日常用品的照片拼接而成，从远处看就是一幅爱因斯坦的照片，这也是最广为人知的爱因斯坦的形象——灰白的头发，深邃的眼神，仿佛在观看着整个世界。关于爱因斯坦有很多神话，我们认为他是一个天才，不会犯错；作为一名理论物理学家，他可能不需要做任何实验就能够改变世界；还有人认为他孤军奋战做出了伟大发现。但这些神话与真实的爱因斯坦相比还是有些出入的，让我们跟随中科院自然科学史研究所研究员方在庆的讲述，去了解真实的爱因斯坦。

方在庆
中科院自然科学史研究所研究员

勤于动手，文武双全

爱因斯坦是一名理论物理学家，不做实验，大多数人都会认为这样的科学家缺乏动手能力，但爱因斯坦动手能力非常强，甚至可以说他的这个特长为他后来发现重要理论打下了良好的基础。

爱因斯坦与技术有非常紧密的联系。一方面是家庭背景，爱因斯坦出生于一个中产阶级家庭，他的父亲和叔叔开办了一个规模不小的、专门生产电气产品的工厂。德国慕尼黑有著名的啤酒节，啤酒节第一次用上的电灯就是爱因斯坦家生产的。每当工人在生产过程中遇到技术问题时，他们就习惯去找小爱因斯坦来解决。很不幸的是，家族企业在爱因斯坦十五岁时就破产了，家人离开德国去意大利北部谋生，不得不把爱因斯坦一个人留在慕尼黑求学，但这段技术经历仍是让爱因斯坦受益终身的。另一方面是爱因斯坦在大学毕业后的工作。爱因斯坦毕业后两年都没找到工作，后来在他同学父亲的帮助下到了瑞士专利局做技术员。专利局是专门审查专利的地方，要对技术发明非常了解才能胜任这份工作。爱因斯坦参与了很多专利审查，当两个公司就同一个专利出现纠纷诉讼时，爱因斯坦会出庭作证，他的证词对判决起到了非常重要的作用。

爱因斯坦特别关注社会生活问题，经常解决一些从生活中延伸出来的技术问题，并与人合作申请了很多专利，比如电冰箱、听诊器等，有些专利让爱因斯坦获得了不少专利费。爱因斯坦曾和他的家庭医生一起发明了一个过滤病毒的仪器。如何通过陶瓷过滤器过滤病毒，需要测量过滤器孔径的大小和压力。爱因斯坦通过计算，帮医生解决了这个问题。

还有一个例子，爱因斯坦以专家和发明者的身份参与过飞行用的陀螺仪的发明。陀螺仪在飞行过程中的平衡非常重要，它后来被用于军事，间接地影响了世界历史的进程。

爱因斯坦之所以“文武双全”，还与他小时候读的科普读物有关。爱因斯坦成长的年代，德国社会正兴起科学普及的热潮。当时有一套非常成功的书《大众科学普及读本》，这套书对他影响很大，爱因斯坦思考相对论问题最初就是因为受到了这本书的启发。后来爱因斯坦家还资助过一名贫困犹太大学生，他的到来开阔了爱因斯坦的视野，让爱因斯坦读了更高深的作品，比如康德的《纯粹理性批判》。十几岁的爱因斯坦不完全同意康德的观点，但康德的最根本的思想是要给我们的知识寻找坚固的基础，这种理念深刻影响了爱因斯坦，实际上这也为他后来创立相对论提供了基本思路——理论应该建立在第一原理上。

在爱因斯坦的成长经历中，阅读、动手、质疑这三种习惯至今对于我们的教育仍具有启发意义。

一个好汉三个帮

有很多人说，如果没有爱因斯坦，狭义相对论可能会晚几年出现，广义相对论会晚几十年，甚至根本就不会出现。爱因斯坦自己也曾说，“我是一个真正意义上的独行者”，因此爱因斯坦的形象就被固化为孤军奋战的独行侠，靠一己之力改变了世界。实际上，爱因斯坦只是从社会行为角度表达自己的疏离感，但从科学思想发展历程来看，爱因斯坦不仅得到了许多朋友的帮助扶持，他还有竞争对手的帮助，正是“一个好汉三个帮”。

我们先谈几位大家可能熟知的朋友。爱因斯坦在瑞士补习时的老师约斯特·温特勒，他可以说是爱因斯坦良师益友中的第一位。爱因斯坦住在老师家，在这里他感受到了尊重学生、思想自由的氛围，还与温特勒的小女儿谈了恋爱，这样身心愉悦的状态让他度过了学生时代最美好的时光。

爱因斯坦的早期好友中不得不提的就是他和朋友自行成立的小组织“奥林匹亚学院”中的几位成员。爱因斯坦在专利局工作还没开始前，为生计起见，在报上刊登当数学物理老师的广告，结果真来了两位，他们一起畅谈阅读，除了科学著作外，还读文学、哲学等，无所不谈。那时碰撞出的火花对爱因斯坦的思想产生了重要影响。

爱因斯坦的终生挚友，名叫贝索，从个人成就上讲，贝索可以说是一事无成的人，他的兴趣太过广泛，而且毕业时也没找到工作。爱因斯坦推荐他到专利局工作。他们一起上班，一起下班，两家人住得很近。每当爱因斯坦有想了解的问题，贝索不仅感兴趣，还会提出一些想法帮助爱因斯坦深入思考。贝索是爱因斯坦在科学著作中唯一感谢过的人，可见贝索对爱因斯坦多么重要。

爱因斯坦还有一位“贵人”，曾三次在关键时刻帮助过爱因斯坦，他就是爱因斯坦的大学同学格罗斯曼。第一次是大学时的数学考试，经常翘数学课的爱因斯坦靠着格罗斯曼的笔记渡过难关，有意思的是，他有时成绩比格罗斯曼好。第二次就是爱因斯坦的工作。在格罗斯曼父亲的帮助下，爱因斯坦才有了专利局的工作。第三次则是创立广义相对论时。当时身为母校苏黎世理工学院数学教授的格罗斯曼向爱因斯坦介绍了非欧几何。爱因斯坦在焦头烂额之时说，“你再不帮我的话，我可能就要疯了”。

除了这几位亦师亦友的朋友，有一位朋友帮助爱因斯坦真正走上“神坛”，这就是英国天文学家爱丁顿。1919 年，他率领英国的日食考察团证实了爱因斯坦的广义相对论的一个推论：光线经过大质量物体时会发生偏折，这个预测值比牛顿的要大一倍。爱因斯坦一夜之间成了名人。那时第一次世界大战刚结束不久，英国和德国本是敌对国，去验证一个敌对国的科学家的理论，这在一定程度上体现了真正的科学国际主义。没有爱丁顿的坚持，爱因斯坦也无法真正在科学界立足。事实上，爱因斯坦的“助手”弗洛因德里希很早就提出了用天文观测来证实广义相对论的想法。

在爱丁顿带队观测的同时，美国天文学家坎贝尔也率队进行了观测，却得出了相反的结论。当 1922 年再次出现日全食时，坎贝尔亲自带队前往澳大利亚观测，最后证实了爱因斯坦的理论。他给爱因斯坦发了电报：“从此我们不需要再进行所谓日全食的测量了。”

还有许多朋友在生活上给予了爱因斯坦很大帮助，比如奥地利—荷兰物理学家埃伦费斯特。爱因斯坦找了莱顿大学的客座教授，这与他的努力是分不开的。他们更是心灵上契合的好友。不幸的是埃伦费斯特后来自杀，爱因斯坦专门写文章悼念。再比如和爱因斯坦一起发明陀螺仪的安许茨 - 坎普菲，在反犹主义猖獗时期，他甚至想给爱因斯坦买一栋别墅避难。

因爱因斯坦仗义执言，爱因斯坦所在的普鲁士科学院想开除他。这时，德国物理学家劳厄挺身而出，在道义上支持爱因斯坦。尽管他们在科学上观点不尽相同，但劳厄和少数几个科学家的挺身而出，对爱因斯坦来说尤为重要。爱因斯坦不认同德国的军国主义，但在希特勒上台前却依然留在德国，这是因为那时柏林被认为是世界科学的中心，爱因斯坦舍不得德国那些科学界的同仁。劳厄也是少数几个爱因斯坦敬佩的科学家之一。

无论学习、生活、研究都有朋友的互动和相助，爱因斯坦并非独行，有了他们才成就了伟大的爱因斯坦。

人非圣贤，孰能无过

爱因斯坦会犯错，这其实不是一个新鲜的观点。只不过以往人们更关注爱因斯坦在生活方面的“犯错”，比如婚姻、家庭问题。这里面有非常复杂的因素，不足以为外人道。我们想谈论爱因斯坦在科学思想发展过程中走过的弯路。事实上，在创立广义相对论的过程中，他犯过几乎所有可能会犯的错误。在引力波问题上，他的错误甚至成为一段历史轶事。

一个著名的错误是关于引力波。1916年爱因斯坦就发表了第一篇关于引力波的论文。两年后，他再次发表一篇论文。之后沉寂了差不多20年。1936年，爱因斯坦与普林斯顿高等研究院的一位助手合作，写了一篇题为《引力波存在吗》的论文，他们得出的结论是引力波不存在。他们把这篇论文寄给了《物理学评论》，当时这本期刊换了一位新主编，开始实施匿名评审制度。爱因斯坦之前在这本期刊上发过两篇文章，那时还没有匿名审稿制度，提交后说发表。新主编希望把刊物打造成真正顶级的物理学期刊，严格坚持匿名评审制度。但他们收到大名鼎鼎的爱因斯坦的论文后，还是有所犹豫，放了一个多月才送出评审。而评审人是普林斯顿大学一位年轻的副教授，他当时正在加州度假，他花了一个星期的时间仔细阅读论文，发现了里面的计算错误，写了长达10页的评审意见，最终结论是爱因斯坦的计算有错误，应该修改。主编收到评审意见后，给爱因斯坦写信建议重新核实修改。这封信让爱因斯坦非常生气，他连评审意见都没有看就回信，在信中他说："亲爱的先生，我们投稿给您是为了发表，并没有授权您在论文发表之前让任何专家过目。我认为没必要回复您的匿名专家那些无论如何都是错误的意见。基于这种情况，我宁愿把论文发表在其他地方。"爱因斯坦将论文转投给另一本杂志。这本杂志没有审稿，直接排印。在接到校样后，爱因斯坦也发现了论文里的问题。这与当时爱因斯坦的助手，就是后来和他合写《物理学进化》一书的波兰物理学家英费尔德有关。他最初被爱因斯坦对于引力波的想法所信服，就与另一位同事罗伯逊交流意见。他并不知道罗伯逊就是爱因斯坦论文的匿名评审人。罗伯逊也没有告诉他，只是讲了自己的想法，结果把英费尔德说服了，令他意识到了爱因斯坦的计算是错误的，他再向爱因斯坦解释，而此时爱因斯坦本人也意识到了计算错误。

实际上在这件事发生之前，普林斯顿大学还专门开了一个研讨会，把爱因斯坦请去讲引力波，爱因斯坦已经意识到了自己的问题，最后给出的结论是"关于引力波是否存在，我不知道"。爱因斯坦在校样上修改了自己的错误，还修改了论文的标题，变成《关于引力波》，结论也是开放式的。从这件事可以看出，到了晚年，爱因斯坦的思想某种程度上保守了，他本人的心态也发生了变化。

我们讲爱因斯坦也犯了错，并不是否定他。"人非圣贤，孰能无过"，犯错误是很正常的现象。要想了解科学真实的过程，就要了解科学史，科学史能告诉你科学家走过哪些弯路，让我们知道最终得来的科学成果多么不易。

侠之大者，为国为民

爱因斯坦不是只坐在书斋中的学者，对社会问题的关注是他到柏林以后生活的重要组成部分。如果不了解这一点，很难了解一个全面的爱因斯坦。

爱因斯坦在 1914 年 3 月底来到柏林，四个月后第一次世界大战就开始了。他发现当时柏林有大量从俄罗斯和东欧来的贫困的犹太人。同时，这里还有很多早就立住脚跟了的富有的犹太人。他们生怕这些新来的贫穷同胞影响自己的同化过程，从而影响犹太人融入德国社会的过程。而由于“一战”失败，德国社会上弥漫着强烈的反犹情绪。这时爱因斯坦意识到了自己的犹太人身份，他感觉应该出面为自己同胞的悲惨命运呼吁。事实上，这种想法与他的国际主义观点相悖。按照国际主义，应该所有族群都平等，不应该特定关注某一个群体。爱因斯坦把两种想法结合起来，一方面坚持国际主义，另一方面一定要帮助自己的同胞。所以他同意当时犹太复国主义运动的请求，为在巴勒斯坦建一所犹太大学去美国募捐。 对于找他帮忙的人，爱因斯坦表现出有求必应。几乎给每一位请求他帮忙的人写推荐信，以至于后来几乎每个人都有一封爱因斯坦的推荐信，他的推荐已不起作用。爱因斯坦的档案中有大量信件是很多他根本不认识的人写的，都是向他寻求帮助的，可见爱因斯坦在当时的社会影响力。

前面提到爱因斯坦和英费尔德合写的《物理学进化》。这本书在出版时，出版商希望他们做广告，本来爱因斯坦非常反感这样的做法，但他突然想到这样也能帮助犹太人就同意了。条件是，书中所用照片必须用刚从东欧逃难出来的犹太摄影师的作品。爱因斯坦支持人人平等，谋求社会公正，但他反对以色列建国，认为犹太人能够有一个中心传播文化，青少年有学上，和阿拉伯人和平共处就好了。他知道，如果建立一个实体的以色列国，一定会发生冲突，他呼吁巴勒斯坦的犹太人要克制，而且谴责一些激进的行为。后来，以色列第一任总统去世后，人们希望他能接任，他理性地拒绝了。他说：“我一辈子都在跟客观事物打交道，我生性缺乏恰当地与人打交道和行政管理的经验。”他为以色列给他的莫大荣誉所感动，但无能为力。

所谓“侠之大者，为国为民”，爱因斯坦用他的个人能力去尽力帮助每个有需求的人，而他本人也像自由的侠客一般。他热爱音乐，喜欢航行，年轻时愤世嫉俗，为人却风趣幽默，他的德语水平极高，文章中带着睿智。与人们常说的恰恰相反，他是一位饱含深情的父亲，恨不能将自己所有的经验与教训一股脑儿传给后代。他有天才的一面，也有常人的一面。

与真实的爱因斯坦相遇，不仅要了解他的成就，也要了解时代背景。他留下的宝贵的精神财富仍值得我们珍视。

车轮上的历史——百年汽车大事记

汽车的发明方便了出行，带着人类走向远方，改变了社会的生产与生活方式。穿越车轮上的历史，探寻汽车科技百年革新。汽车被誉为改变世界的机器，是 20 世纪最伟大的发明之一。一部汽车的发展史就是一部创造史，一部革命史，一部人类聪明与才智、光明与梦想的奋斗史。自古以来，人类就有着自由移动的梦想，而汽车是实现这个梦想最重要的载体。因为创造，所以伟大。

杨　蕊

北京汽车博物馆党组书记、馆长，研究馆员

华夏"造"车，指南测距

什么能与火的发明相提并论？那就是轮子。早在6000年前的美索不达米亚平原，人类就已经发明了轮子的雏形。它们最早解决了人类手提、肩扛、人抬的交通运输问题。此后，古人把石头磨成圆形，并在石头中心位置磨出一个圆心，再把两个轮子连接在一起，就成了最早的车的雏形，极大地提高了当时的生产力。

我国是最早发明和使用车的国度之一。"见飞蓬转而知为车"告诉我们古人通过观察风中飞草得到了灵感，并发明了轮子。

孙中山先生说过，"中华开国五千年，神州轩辕自古传。创造指南车，平定蚩尤乱。世界文明，唯有我先。"这句话再现了中华民族5000年的文明史。

轩辕黄帝是华夏民族的祖先。"轩"指的是古代一种有帷幕而前顶较高的车，"辕"指车的纵向构件。传说涿鹿之战时，黄帝造出指南车，在大雾中指明方向，战胜了蚩尤。

到了4000多年前，大家熟知的大禹，他有一位大臣叫奚仲，被誉为华夏文明造车的鼻祖。他把车轮从实心变成了空心的有辐条的轮子，这一技术改良极大地提高了车的性能。他改良了车，同时对车进行了管理，被封为"车正"。

3000多年前的西周，有了"千乘之国"和"万乘之国"的说法。"乘"是中国古代军队的基层单位，周代制度中，君王出兵车万乘，诸侯千乘，大夫百乘。每乘是指拥有4匹马拉的兵车一辆，车上甲士3人，车下还配备附属于这个战斗小组的一班步卒（数十人不等），一种说法为车下步卒72人，后勤人员25人，"一乘"共计100人。在当时，拥有战车的数量成为衡量列国实力的重要标准之一。

孔子在2500多年前周游列国就是乘着车去的。当时君子要有"六艺"：礼、乐、射、御、书、数。"御"就是要有驾驭马车的技能。

到了2200多年前，秦始皇不仅统一了中国，统一了中国的文字和度量衡，同时也统一了车辆的生产标准，如统一了轮子的直径、轮子与轮子的间距，还兴建了驰道，统一了道路的宽度。

1700多年前的西晋时期，出现了天子出行的仪仗车队，前面有标配，指南车和记里鼓车，它们一个用来指示方向，一个用来记录里程。

17世纪，在西方已经有了工业革命的雏形。一位叫南怀仁的传教士在紫禁城里为康熙传授天文、地理、科学、几何以及哲学等方面的知识。著名的红衣大炮，还有北京的古天文台，这些都是由他来协助组建的。他受到风筝借助空气向上飞行的启发，造出了一个水壶蒸汽带动水嘴、用水嘴吹动叶轮、用叶轮带动车轮行走的蒸汽车。他比瓦特发明的蒸汽机早了近 100 年。

康熙年间是盛世，康熙皇帝博学多才，有治国理政的思想，但是当他接触到科学技术时却没能高度重视。当然，这与我国长期农耕文明有很大的关系，至此，东西方文明走向了不同的道路。

工业革命，量产竞速

动力革命催生了工业革命。1769 年法国的炮兵工厂里，工程师尼古拉斯 · 古诺发明了一辆用于牵引大炮的蒸汽机车，它依靠蒸汽产生的动力，通过连杆传动装置带动轮子转动，从而驱动车辆行驶，它使车轮变成实际推动车辆前进的工具。

“汽车诞生日”与德国奔驰的创始人卡尔 · 本茨有关。他在学修钟表的过程中接触到机械原理，上大学时又学习了发动机原理。青年时期，他开始创业，拿到制造四冲程和二冲程发动机的执照，同时发明了用燃气作为动力的车，但效果不好。一次，他听到当地洗衣店清洗衣物时，因使用汽油引发了小型的爆炸事故。受此启发，卡尔·本茨决定用汽油作为燃料，从而研制出了单缸汽油发动机。

世界上第一辆汽车，是一辆以前轮转向、后轮驱动的三轮车辆，它采用了单缸水冷的四冲程发动机，最高时速可达 16 公里。这辆车的转向系统、刹车系统以及水箱、油箱、火花塞，还有悬挂系统等，都已经有了非常精良的设计。1886 年 1 月 29 日，它获得了第一个汽车专利证书，这一天被誉为“汽车诞生日”。后来，这辆车在德国慕尼黑“动力与做工机器展览会”上获得了设计金奖。

世界上最早量产的汽车，也是世界上最早的出口车辆，还要属美国的奥兹莫比尔 R 型汽车。与奔驰一号明显不同的是，奥兹莫比尔 R 型汽车采用四轮马车的车身，并装上了机械动力。20 世纪初，两辆奥兹莫比尔汽车进口到了上海并拿到牌照，成为进入中国最早的汽车之一。

谁被誉为“给世界装上轮子的人”？他就是亨利 · 福特。他在美国创办福特汽车公司，开创了全世界最早的工业流水线生产方式，开启了汽车工业生产革命。福特把 T 型车的 3000 多个组装部件的工序简化为 80 多道，减少了工时，提高了工作效率，汽车制造成本被大幅压减，售价从 800 美元降到 260 美元，使汽车真正走入千家万户。因为福特对世界汽车工业的巨大贡献，福特在《福布斯》评选的 20 位最有影响力的企业家里名列首位。在美国学者麦克 · 哈特所著的《影响人类历史进程的 100 名人排行榜》一书中，他是唯一入选的企业家。1947 年 4 月 7 日，福特去世。这一天，美国的生产线停产了1分钟，以此纪念这位伟大的企业家。他改变了生产的方式，改变了世界出行的方式。通过汽车，我们还能看到历史、人文、社会的变迁。历史上的重大事件对汽车的发展进程也有很大影响。

二战时期，美国招标适用于指挥、侦察、通讯的战争汽车。威利斯公司在135家汽车公司中脱颖而出。它生产的底盘高、越野性能好的威利斯吉普被誉为“像山羊一样机敏，像狗一样忠诚，像骡子一样强壮”。这辆吉普车的鼻祖投产超过了36万辆。

二战之后，日本在二十几年的时间里迅速崛起。它生产出著名的斯巴鲁汽车因经济实用深受日本百姓的喜爱。连续12年没有改型过的“瓢型”车型也创造了世界纪录。1960年，日本丰田公司打造出丰田的精益生产方式。1980年，日本超越美国成为世界上最大的汽车生产国。

20世纪50年代是美国的黄金时期，那时的美国是“车轮上的国家”，当时的汽车文化、公路文化、旅游文化，还有好莱坞文化，都在同时发展。凯迪拉克奥多拉多汽车经常出现在反映那一时代的电影中。它标志性的火箭尾翼，灵感来源于美苏当时的“太空竞赛”。可以说，它是美国豪华车最重要的代表，带记忆功能的电动加热座椅、自动巡航系统、自动调低车灯亮度的切换系统，还有收音机等，所有跟车有关的豪华配置都在该车上有所体现。

中华动力“从0到1”

自汽车诞生到现在已经有130多年的历史了，在前70年的发展进程中，没有我国汽车工业的身影。当西方国家汽车行业蓬勃发展时，我国正处于战火纷飞的年代，但中华儿女从未放弃发展中国汽车工业的梦想。新中国汽车工业从无到有走过了哪些历程呢？

早期进入中国的汽车多是舶来品。慈禧大寿时，袁世凯从美国购买的贺礼——杜瑞亚汽车成为最早进入中国宫廷的御驾汽车。1920年，孙中山在《建国方略》中提出，“自动车（汽车）为近期所发明，乃急速行动所必要”“介欲用自动车，必先建造大路……”直到1931年张学良下令辽宁迫击炮厂制造了民生牌75型载货卡车，我国才有了第一辆汽车。“九·一八事变”爆发后，辽宁迫击炮厂被炸毁，这辆汽车也湮没在历史当中。

我国汽车的批量生产还是在新中国成立之后。新中国把工业放在最重要的位置，选出156项工业基础建设项目，其中第一汽车制造厂的建设是重中之重。“一汽”1953

年启动建厂，1956 年 7 月就生产出了新中国第一辆汽车——解放牌载货卡车。此时的卡车最高时速达 65 公里，载货 4 吨，还可拖带一个 4.5 吨的挂车。“举国翘盼尽早建成汽车厂，万人空巷人民争看解放牌”，我们中国人民终于有了自己的汽车，东风金龙汽车是我国第一辆自主生产的小轿车。车身体现中国传统文化元素，以腾飞的巨龙为车标，象征中华民族；绛紫色车身，银灰色的车顶，尾灯采用中国的宫灯样式。当时这辆车的最高时速已经达到了 128 公里。

1958 年 5 月，第一汽车制造厂生产出东风牌金龙汽车，并送到中南海的怀仁堂。当时正在召开八大二次会议，利用会议休息时间，毛泽东同志坐上了这辆轿车，他说：“坐了我们自己制造的小汽车了。”在那个激情燃烧的岁月，毛主席这句话让大家对生产汽车有了更大的动力。第一汽车制造厂里打出了“乘东风，展红旗，造出高级轿车去见毛主席”的横幅。在此之后，第一汽车制造厂仅用了不到 30 天的时间就试制出了我国自主研发的 V8 发动机。1958 年 8 月，红旗轿车诞生。1960 年，红旗 CA72 轿车赴德国参加莱比锡博览会，被列入《世界汽车年鉴》，成为世界级名车。

每年国庆我们都能看到红旗轿车从天安门广场徐徐驶来。它不再是一个汽车品

牌的概念，更多的是一个民族的记忆，代表着拼搏、坚持、自信和创新，这种矢志不渝的理想追求和精神激励着我们不断前行。

说到中国汽车工业，一定会提到“中国汽车工业之父”饶斌。他曾是一名医生，抗战时弃笔从戎。当得知“一汽”建厂需要人时，他主动请缨来到东北那个最艰苦的地方，造出了新中国的轿车，成为一个奇迹。饶斌经历了“一汽”“二汽”的建设，支持重汽的建设，还有上海汽车的合资合作引进。1987 年 7 月他参加“一汽”换型改造验收大会时，曾动情地说：“一汽第一次创业我干了，第二次创业我支持你们干了。”发言快结束时，他语锋一转，满怀深情地说：“我老了，不能和大家一起投身于第三次创业。但是，我愿意躺在地上，化作一座桥，让大家踩着我的身躯走过，齐心协力把轿车造出来，去实现我们几代汽车人的轿车梦。”

红旗精神、饶斌精神是我们中国汽车工业的宝贵财富。正是在这些精神的指引之下，一代代汽车人通过共同努力与拼搏，推动起步晚于世界汽车工业 70 年的中国汽车工业实现了全面崛起，创造了中国汽车工业的奇迹。到 2018 年，我国汽车产销量达 2900 万辆，超过英、法、美、德四个国家的总和，从 2009 年开始，我国汽车产销量已连续 11 年蝉联世界第一。

和谐发展，低碳出行

托马斯·弗里德曼是美国知名的作家，他写了一本书叫《世界是平的》。2008 年他又写了一本书，叫《世界又热又平又挤》，他在这本书里倡导绿色革命，专门提到未来的世界将用电能取代化石能源。比如，人们在上班时，把电动车停在单位的停车场。电力公司、停车场与电动车之间建立一个循环的关系。白天用电高峰时，它通过停车场把电输送给用电量更多的国家电力公司，当然要留下回家路上所使用的电；晚上用电低谷时，又把电充进来。这样，电动车既是用电者也是输出者。我们由此可以看出能源科学的流转、合理的使用将成为未来的趋势。

其实，电动车的发明早于燃油车半个多世纪。1835 年，荷兰人发明了第一辆小型电动车。1898 年，费迪南德·波尔舍研制出一款前轮驱动的双座电动车，此后他在后轮上增加了一组轮毂电机，发明了世界上第一款四轮驱动的电动汽车。电动车的发展离不开电力的发展。19 世纪初到 20 世纪 20 年代是世界电动车发展的鼎盛时期。当时法国制造的电动车续航已经能够达到 290 公里。美国公司当时的电动车产量已经达到了 3 万辆。此后，石油被大批量开采出来，燃油汽车技术得到迅猛发展。与此同时，由于没有解决续航以及充电等诸多问题，电动车发展进入了休眠期。直到 20 世纪 80 年代，世界经历了两次石油危机，以美国为代表的用油大国开始意识到承担不起高昂的燃油费用，此时各个国家又开始竞相发展电动车。

近年来，我国在新能源汽车领域迅猛发展，习近平总书记强调，发展新能源汽车是我国从汽车大国迈向汽车强国的必由之路，要加大研发力度，认真研究市场，用好用活政策，开发适应各种需求的产品，使之成为一个强劲的增长点。截至 2019 年 6 月，我国新能源汽车的保有量已达到 340 万辆。相信在不久的将来，我国新能源汽车一定会处于领先的位置。

未来的汽车将向什么方向发展？现在汽车的发展已经提出了新的“四化”：电动化、共享化、智能化和网联化。当智能化和网联化联动起来，我们就能畅想未来的无人驾驶汽车了。当出差深夜到达机场，你用手机 App 订了一辆无人驾驶汽车，很快汽车来到你的身边。进入车内，像是进入了小型的居室，没有方向盘，没有任何驾驶汽车的操控系统，前挡风玻璃的位置是一块 OLED 屏幕，屏幕上出现一个 AI 合成的机器人为你服务。它能根据你的喜好推送信息，与你畅聊旅程感受、国际时事，规划路线，并安排和提醒你的各项行程。当技术日趋成熟，自动驾驶汽车联系所有平台和服务将成为现实。

从几千年走来，车马文化我们领先，到 100 多年前我们落后于世界汽车发展，直至今天，我们有理由相信将来中国在智能网联、云计算、大数据、人工智能等方面一定会领先世界。未来我们期待中国真正从汽车大国走向汽车强国，让“人——车——社会——生活”更加和谐美好。

揭秘北京史前“原住民”

一块碎骨片，开启了“北京人”的百年传奇。史前的北京除了“北京人”，还生活着哪些神秘的居民？他们都长什么样？平时都干些什么？又和我们有着怎样的关系？

高 源

北京自然博物馆科普教育部副研究馆员、全国十佳科普使者

人类的演化过程及震惊世界的“北京人”

提起人类演化，好多人都认为，人类是猴或猩猩变的。其实，猴类、猩猩离我们太遥远了，其实智人才是我们的祖先。猴类还有类人猿都属于灵长类动物，是哺乳动物当中最高级的，也是演化最先进的，有着灵活的手掌，拇指可以和其他四指依次对握。这个动作只有人类、灵长类动物能够做到。

人类演化历史非常漫长，可追溯到700万年前。人类演化顺序大致为地猿、南方古猿、能人、直立人和智人，智人又分为早期智人、晚期智人，现在叫古老型智人和早期现代人。

700万年前，地球上产生了最古老的人类——地猿群。其代表是非洲发现的乍得沙赫人，他们的头部和躯干连接处的结构与现代人很像。我们头部和躯干连接需要一个孔，这个孔就是我们说的枕骨大孔。大家想象一下，如果这个动物是四足行走，它的头一般插在这个孔的位置，那么它的枕骨大孔的位置相对是偏后面的。但是随着这种动物由四足爬行，慢慢地立起来了，到直立起来了，它的枕骨大孔的位置就变得垂直向下了。我们发现，乍得沙赫人的枕骨大孔已经垂直向下了，这说明他们可能已经开始学会两足行走了。

接下来到了400万年前，在非洲出现了一个类群，叫作南方古猿，简称为南猿，最具代表性的就是大家非常熟悉的露西（Lucy），其是迄今为止发现的比较完整的南方古猿。南方古猿已经可以比较熟练地直立行走了，在非洲的莱托里曾发现一串连续的南猿留下来的足迹，被称为“莱托里足迹”。这串足迹非常了不起，因为它是迄今为止在地球上发现的第一串人类足迹，是人类的骄傲和自豪。

南方古猿不仅可以熟练地直立行走，而且已经有了分工合作意识。他们第一次有了家庭观念，很多的、大大小小的南方古猿聚在一起生活。他们有的狩猎，有的采摘，有的看孩子，大家用集体的力量和智慧生存下去，这就是400万年前直立行走的南方古猿的生活状态。

接下来到了大约250万年前，出现了一个类群叫能人。能是能力的意思。能人的能力体现在会制造和使用工具。人们在位于坦桑尼亚北部、“人类的摇篮”奥杜威峡谷发现了石器和古人的化石，它们的发现说明能人已经可以制造和使用工具。而从古人的化石可以看出，生活在这里的类群不仅有能人，而且有鲁道夫人。他们把石器加工制作成简单的石盒和石片，石片非常锋利，可以割皮割肉，加工食物。石盒随身带着，想用的时候一敲就能出现石片。会制造和使用工具，这是能人的特点。

200 万年前左右，地球上出现了直立人群，直立人群非常了不起，他们也是从非洲迁徙过来的。直立人群分为三支，一支留守非洲，成为非洲的匠人；还有一支往北走向了欧洲，成为著名的海德堡人；还有一支往东方走向中国，来到了北京，最终变成了非常著名的北京猿人。

直立人阶段最大的特点就是会用火。在接下来的 10 万年一直到现在，出现了化石智人群，我们也可以把他们分为两类，一类叫早期化石智人，也叫古老型智人。还有一类叫晚期化石智人，我们叫他早期现代人。普及完这些知识我们就能够很好地进行调查了，看一看北京史前人类到底属于哪个阶段。

最著名的“原住民”是在北京房山周口店发现的“北京人”。“北京人”最重要的特点是属于直立人，会用火。他们生活在距今 70 万年到 20 万年前，驻地在京西房山周口店龙骨山。他们居住的地方是猿人洞，也叫鸽子堂，这里面有很多的文化堆积，包括用火的证据和鬣狗搏杀的证据，都在这个沉积层当中。

回顾“北京人”的发现历史，1929 年 12 月 2 日，著名古人类学家裴文中发现了震惊世界的北京猿人头盖骨。这一消息一经公布，便震惊了学术界。因为原来人们认为人类演化的历史也就十几万年，而这一消息将其推进了 50 万年。

举世瞩目的田园洞人和山顶洞人

田园洞人的长相跟现代人有点相似，但跟“北京人”还不太一样。“北京人”没有下巴颏，而田园洞人有一个明显的下巴颏，尤其侧面看下巴颏更明显。田园洞人距今约 4.2 万到 3.9 万年，离我们已经很近了。

田园洞人属于典型的晚期智人，也就是早期现代人，跟我们已经很像了。他们曾经住在北京西南房山区周口店，跟“北京人”离得不远。

目前发现的田园洞人的化石保存得比较完好，不仅有肢骨（上肢、下肢），更让人高兴的是，还发现了一段田园洞人的下颌骨，上面有牙齿的保存。头骨在古人类的研究当中是至关重要的，因为有很多信息。比如说通过下颌骨我们可以看到他们咬肌的附着方式，可以看出他具有的早期现代人的特点。从下颌骨上的牙齿可以判断田园洞人都吃什么，有没有一些牙齿疾病。除此之外，通过这块下颌骨还可以提取一种特别重要的物质。

在 2013 年的时候，来自中国科学院古脊椎与古人类动物研究所的付巧妹研究员，从这段下颌骨中提取出了完整的古 DNA，并对它进行了分析。分析结果让大家惊呼，田园洞人可以说是中国人的直系祖先，虽然不能说中国人就是由田园洞人演化来的，但是从大的演化分支树上来讲，田园洞人跟我们中国人的直系亲缘关系还是比较近的。

田园洞人的文化特征是“会穿鞋”。科学家们在研究田园洞人的骨骼化石时发现他的脚上有一个小趾骨。之前没有发现过小趾骨的状态是这个样子的，都是比较古老的。这次发现的小趾骨是短短的，有一些圆钝的感觉，科学家就分析了，说这个趾骨形态的变化可能反映了一种生活方式的改变，科学家推测这种趾骨可能代表着古人类会穿鞋了。如果不穿鞋，长时间赤脚走，那么他的趾骨会呈现一种形态；而如果穿了鞋，有了一些束缚和保护，他的趾骨形态则会发生一点变化，并呈现另一种形态。这个发现我觉得特别有意思。通过这一个小小的猜测也可以推断，整个田园洞人的生活状态比之前其他类群还是好了很多的。

接下来介绍的山顶洞人也属于晚期智人（早期现代人），名如其人，生活在山顶——周口店龙骨山较上层位置。说到“上下”就要给大家普及一下知识了，说“上下”可不是随便说说的，这符合一个非常重要的规律，即地层层序律。越往下面的地层越古老，越往上时间越靠近现代，所以周口店洞穴位置呈现的关系也体现了时间的远近。

山顶洞人生活在距今 3.4 万到 2.6 万年，也就是 3 万多年前，文化特点是“会制衣、懂埋葬”。首先回顾一下山顶洞人的发现历史。1929 年，裴文中先生发现了震惊世界的北京猿人头盖骨，没过几年，裴文中先生带领着贾兰坡老师在周口店进行了系统、详细的发掘工作。到了 1933 年的时候，裴文中和贾兰坡在遗址发现了山顶洞人的头盖骨，当时也是震惊世界。在同一个地点发现了这么多的古人类的化石，绝无仅有。所以北京房山周口店也是世界文化遗产，是古人类学的圣地。

当年，除了发现三枚比较完整的山顶洞人的头盖骨外，还发现了一些牙齿、肢骨、胸骨等，所以我们发现的山顶洞人的化石材料是相对比较丰富的。但是也非常遗憾，在二战的时候，我们的北京猿人头盖骨和山顶洞人头盖骨都丢失了。

在山顶洞人的化石文物当中，我们发现了将骨头打磨得非常细的一根骨针。通过骨针我们猜测，他们肯定能够缝制兽皮，会制衣了，所以现代复原图中的山顶洞人已经穿上裘皮了。

在山顶洞人遗址里我们还发现了装饰品，兽牙、兽骨、贝壳、小的骨头、打穿的石头，非常漂亮，这说明原始人也爱美，他们对美有了追求，装饰品可以代表权力，也可以代表美丽。大家想想，有工夫缝衣服“臭美”了，生活肯定差不了。山顶洞人比较爱吃鱼，他们旁边有周口河，里面有很多的鱼类，遗址发现了大量的鱼类化石，证明他们的捕鱼技术也比较好。

值得注意的是，他们还有一个文化特点就是懂得下葬。我们在山顶洞人的遗址里发现了神秘的赤铁矿粉，这个赤铁矿粉很有意思，而且有一定的规律，它是撒在死者周围的，好像是一种仪式，好像是一种寄托。古人类学家猜测，可能红色的赤铁矿粉在山顶洞人心中是血液的象征，撒下了赤铁矿粉就代表着死者的重生。

下葬这个形式已被证实，所以说山顶洞人非常厉害，他们已经有了下葬的文化习俗，他们对死亡有了新的认识。山顶洞人衣食无忧，不仅能吃到鱼，还能集体狩猎大型的猎物，在周口店发现了很多的伴生动物群化石，比如鬣狗、大象、洞熊、猕猴，还有大角鹿，各种各样的史前动物。

鲜为人知的王府井人

接下来我们转向北京的市区。什么？市区还有古人类曾经生活过？当然，我们下一位“登场”的可是个有名气的古人类，为什么说他有名气？一说王府井这三个字，您肯定特别熟悉，那是我们中国非常著名的商业步行街，百货大楼就在王府井。这王府井人又是怎么回事？

王府井人依然属于晚期智人（早期现代人），生活在距今 2.5 万到 2.4 万年前。为什么叫王府井人？这是因为他们真的住在王府井。大家如果坐地铁 1 号线在王府井站下车，出了地铁站您会看到一个博物馆，叫王府井古人类遗址博物馆。没错，他们家特别豪横，2 万多年前就住在王府井。

他们的两个文化关键词，一个叫骨器匠人，一个叫美食专家。首先，我们先了解一下王府井人的发现历史。

1996 年 12 月 28 日，那个时候北京正在修地铁，修到王府井的时候，有一个大学生无意之间就发现了一些奇怪的石器，这些石器引起了专家的重视，后来发现它们是古人类的文化遗存。王府井古人类遗址是在北京城内发现的旧石器遗址，震惊世界，它是唯一一个在国家首都城内，一个黄金地段发现的旧石器遗址，在全世界都是非常罕见的。

骨器的制造水平往往反映出这个古人类的手是不是更精巧，他制作工具的能力是不是更为先进，王府井人制作的骨器和石器都已经称得上非常精美。在王府井古人类遗址还发现了大量的伴生动物化石。以往有些古人类遗址发现的化石是相对完整的，比如说一个骨架、头、躯干、四肢、尾巴都有。但是在发现王府井人的遗址里有一个大坑，而且坑里面分不同的层次，颜色呈现黑色及灰色，而且形状比较规则，像一个塘。

在这一大坑中发现了很多的鸡大腿、鸡翅膀、兔头，这些都属于烧烤美食。所以我们就开玩笑说，王府井人可能是个美食家，专门挑一些特殊的部位来吃，鸡头不吃，光吃鸡翅膀、鸡大腿，非常有意思。而这个大坑在古人类学上有一个专业名词，叫火塘，就是集中烧火，或者取暖，或者吃食物的地方。

迎接曙光的东胡林人

接下来，人们在北京的门头沟发现了东胡林人，他们被称作是新石器时代的智人。他们生活在距今 8540 到 7500 年前，住在门头沟的东胡林村。与其他类群相比，他们在文化上更关注审美，他们对美有一定的需求和渴望。而且最重要的一点是，他们从采集狩猎慢慢地转向了农耕，从而开启了原始农业发展的大幕。

2003 年和 2005 年新发现的两具完整的东胡林人的骨架中，鼻部、口腔部覆盖了陪葬的玉片，从中我们可以看出不仅埋葬的习俗已经产生了，而且还出现了陪葬品，一些生前的宝物、喜欢的东西跟着主人一起下葬，所以文化的发展非常清晰。2010 年，科学家再次对东胡林人的化石进行详细发掘以后，发现了非常有意思的一个点，他的牙齿出现了很多的问题。比如说牙齿上面居然有一个大的洞，就是我们说的蛀牙。所以科学家推测，东胡林人也许深受牙周炎和龋齿的困扰。

大家都会去思考，什么情况下才会得龋齿？大家想想，糖这一物质在自然界可是不好获得的，对不对？自然界中能发现糖类的物质有甘蔗、有甜菜，还有一些碳水化合物含有一些糖分。

大家想想，如果食物只靠采集，量是非常少的，是不容易形成蛀牙的。一定是长期地吃，反复地吃，固定地吃，吃好多才可能会得“虫牙”，所以这一项研究恰恰反映出了他们生产生活方式的变化，说明他们不再靠偶尔四处采集为生了，而是有了原始农耕的影子。他们肯定是自己种，种了很多，有积累了，有储量了才能随便吃，结果吃多了，牙齿吃坏了。

除此之外，在东胡林遗址还发现了典型的工具：石器、骨器、石斧、陶片、陶器等。可以烧陶了，说明他们的文化水平又提高了。当然他们也有一些很原始的石片，但把石器、骨器、石斧、陶片综合利用，这充分说明他们的生产、生活工具已经得到了空前的发展。

东胡林人的文化特征有两个，一个是从原始的狩猎采集转向了农耕，一个是对美有了真正的需求。这个时期出土的文物非常精美，就是放到现在也一点都不过时。

他们不仅会将兽骨、兽牙穿成一串来制作项链，而且会使用特殊部位的骨骼——牛肋骨来制作首饰，可佩戴装饰品的部位也变得多了起来。这些首饰中，有一件非常精美，它由螺壳串联而成。

说到这儿，有人会问：难道北京有海螺壳吗？这是个好问题，我们说北京有周口河、有永定河、有拒马河，它们都是淡水河，淡水里面出田螺，出小的淡水螺，但是东胡林人的这些螺壳看起来不像产自淡水，于是有人猜测，那时候不同地域的古人类也许已经有一些交流了，或许是跟沿海的一些古人类进行过贸易、交换、交流，从而得到了不一样的贝壳。当然这是一种猜测，但是我觉得这种猜测是不无道理的。而且这串螺壳项链非常精美，它们的方向基本一致，大小也基本相同。选取这样的原材料费力费时，所以这串项链不可能是短时间内完成的，一定是经历了一个长期积累、用心制作的过程。这串项链反映了东胡林人的文化鼎盛时期，也反映了他们对于美有非常高的追求。

追寻失落的世界
——揭秘中国恐龙

作为远古蛮荒时期的地球霸主，恐龙的故事和其身上许多待解的谜团牵动着我们现代人的心。你知道吗？耳熟能详的三角龙、霸王龙等，它们其实都是“外国恐龙”，而目前发现的中国本地的“土著恐龙”有322 种。除了著名的马门溪龙和中国角龙，还有哪些恐龙也是中国籍？它们曾经是怎样生活的？

王　原

中国古动物馆馆长、
中国科学院古脊椎动物与
古人类研究所研究员

恐龙种类最多的国家

恐龙种类最多的国家是哪个国家？我们来看这张恐龙的图片，这头巨大的恐龙有一个重要的特点——尾巴细长细长的，像个小鞭子一样。有学者推测，也许它会用这种鞭子状的尾巴抽赶敌人或者一些骚扰它的动物。这头恐龙叫梁龙，它实际上是美国“产”的恐龙，美国把它的复原骨架作为一份礼物赠送给了英国伦敦自然历史博物馆。

英国对恐龙的研究非常早，早在18世纪、19世纪，最早发现的那些恐龙，包括巨齿龙、禽龙等恐龙的化石都是在英国发现的。当时科学家并不知道它们是什么，只知道这些动物的骨骼非常巨大，骨骼和爬行动物蜥蜴相似。当时英国自然历史博物馆第一任馆长，也是一位著名的古生物学家、博物学家理查德·欧文，为它们起了一个名字“dinosauria”，意为“巨大的、恐怖的蜥蜴”。所以，英国可以说是最早发现恐龙化石并且为恐龙命名的国家。但英国国土面积并不算广阔，所以他们发现的恐龙化石数量也不是太多。

广为人知并广受大家喜爱的《侏罗纪公园》系列片中，展现了世界各地的各种恐龙，也引发了全球的“恐龙热”。实际上，这些恐龙的原型主要来自北美，北美恐龙主要发现于美国和加拿大。霸王龙主要生活在美国，在加拿大也发现过，三角龙在两个国家也都有发现。

据中国古动物馆2019年年底的统计，美国已经发现恐龙大概290种左右，加拿大还不到100种，那么美国是不是世界上恐龙种类最多的国家呢？并不是，中国才是世界第一，根据化石骨骼命名的发现于中国的恐龙已有322种。

中国古动物馆联合网友及专家，评选出了五位中国的“恐龙明星”，我们又称它们为“恐龙五宝”。

它们在门类上有很大的覆盖性，而且来自中国不同地区，包括来自新疆、吃肉的单嵴龙；来自辽宁、会飞的小盗龙；来自山东、长了鸭子嘴的青岛龙；来自四川、新疆和甘肃等地、脖子特别长的马门溪龙；以及来自云南的“中国第一龙”禄丰龙。

“牙齿多”与“脖子长”

让我们先从“新中国第一龙”——棘鼻青岛龙谈起，这种恐龙非常有趣，它的嘴巴像鸭子，属于鸭嘴龙类。它头上有一个骨棒，这也是“棘鼻”这个名字的由来。它可以四条腿走，也可以两条腿跑。

我们中华人民共和国是 1949 年成立的，1950 年的时候，山东大学的师生在山东莱阳进行野外实习的时候发现了青岛龙的化石。1951 年，杨钟健先生、刘东生先生、王存义先生等专家学者们就组成了考察队，到那里把它挖掘了出来。在 1958 年的时候，由杨钟健先生研究命名。

科学家对棘鼻青岛龙的研究是不断深入的。早期发现它头上的一个骨棒，旧的复原图表现为这个骨棒支撑着一个软的头冠，骨棒长度大概有 40 厘米，还是比较长的。但是最新研究发现，其实它头上的棘突可能更宽、更粗大，实际上是形成了一个巨大的骨质头冠，而且这个头冠和鼻骨融合在一起，形成了一个中空管状的结构。

学者们推测，这种结构可能和发声有关。这样的头冠除了可以辅助发声，还可以用于种类间的识别——不同种类的恐龙长着不同的头冠。

青岛龙有非常多的牙齿。我们知道，现在生活在地球上的所有的鸟类嘴里都没有牙齿，可是长着“鸭子嘴”的青岛龙，嘴的前部没有牙，有一个角质喙，而嘴的后部长了1000多颗密密麻麻的牙齿，组成一个齿板的结构，适合研磨比较坚韧的植物纤维，这就是青岛龙的一个重要特征。

接下来，我们讲脖子特别长的马门溪龙。它的头比较小，但是身体特别巨大，使用四足行走。它是世界上脖子最长的恐龙。

大概有多长？我们可以举个例子，比如马门溪龙中个体最大的一个种——中加马门溪龙，全身长度大概是35m，其中光脖子就有15m长，可以说身体长度的一半基本上都是脖子。这样的一个长脖子是干什么用的？最大的一个可能是方便吃到高处的树叶，能够得着其他身材小的恐龙够不着的食物。

这种蜥脚类恐龙还有一些特征，比如它脖子上有很多长棍状的结构，顺着脖子延伸。这一根一根的棍，其实就是它颈部的肋骨，帮助来加固脖子，这样脖子就比较结实了，不会说一下子就耷拉下来。但同时也有一个缺点，它会限制脖子的灵活度，所以马门溪龙的脖子实际上不会来回打弯，还是比较僵硬的。

青岛龙和马门溪龙都是植食性恐龙。这时候要说一个有趣的概念，一般人在根据恐龙食性对恐龙进行分类的时候，经常说这个恐龙是吃肉的，这个恐龙是吃草的。但是学者不这么说，为什么？

因为草是一种很特别的被子植物，它出现的时间实际上是比较晚的，有些恐龙可能一辈子都没见过草。草，在分类上属于被子植物的禾本科，是一类能开花的植物。根据已有的化石证据，草大概在1亿1000万年前才在地球上出现。而马门溪龙生活在1.5亿年之前，它显然没有见过草。所以马门溪龙不是吃草的，而是一种以植物枝叶为食的恐龙，它可能吃松柏类的枝叶或者蕨类植物的叶子。

青岛龙生活在距今大概7000万年前，它吃不吃草，这个问题还没有准确答案。从时间上来讲，它应该已经见到草了，但是它有没有吃草，这个问题还没有找到相关证据。

“无肉不欢”与“飞龙在天”

讲完了两个植食性恐龙，大家也许会觉得全是以植物为食的恐龙，没意思，小朋友最喜欢吃肉，很多小朋友是无肉不欢的。那我们接下来讲一个无肉不欢的恐龙。

它的脖子比较短，头非常大，头上有一个单一的头冠，所以叫单嵴龙。它使用两条腿走路，牙齿和爪子都非常尖利。

它本身是一种食肉恐龙，无肉不欢，和它生活在同一个时期的有一种群居性植食性恐龙叫巧龙，体长有 3 米多，它很可能是单嵴龙的食物。

接下来讲一种小型恐龙，和单嵴龙都属于一个叫“兽脚类”的恐龙家族。但它和单嵴龙不太一样，在它身上，我们发现了一种很特别的“部件”——羽毛。它全长大概 70 厘米，前肢和后肢都长了可以用于飞翔的飞羽，所以它身上看起来有四个翅膀，这一点很特别。另外，它有一个非常长的骨质尾巴。这种恐龙的名字叫小盗龙，它也属于食肉恐龙，会吃小蜥蜴、鱼、鸟类和哺乳动物等，我们在一些小盗龙的肚子里分别发现了这些动物的骸骨。

小盗龙发现于辽宁省朝阳市，生活在距今 1 亿 2000 万年前，而单嵴龙实际生活的年代是在距今 1 亿 6000 万年左右，它又比单嵴龙生活的时间晚了很多。

它实际上非常小，站在地上高度可能不到半米，它的飞羽是片状的，羽轴偏向某一侧，而不是处在正中间对称的。长这样四个翅膀的恐龙非常特别，2003 年被发现的时候震惊了全世界。我们可以用“龙生四翼”四个字来形容它。

小盗龙告诉我们，从恐龙到鸟类经历了从四翼到两翼的演化过程。学者们曾经对四翼做了一个风洞实验，看它怎么飞能够飞得最好。最后发现小盗龙在飞行的时候，当它的两条后腿在两条前腿下面时，这种状态下飞得最好。这与人类早期制造的双翼飞机很相似，双翼飞机在飞行时，它的上下翼就像小盗龙一样处于叠置状态。所以我们人类学习飞行的过程，实际上和恐龙学习飞行的过程不谋而合。早在 1903 年，人类就懂得了采用四翼飞行的方式，这是一个非常大的巧合。

小盗龙还被写进了中国小学的四年级语文课本，课文题目叫《飞向蓝天的恐龙》，作者是我们中国科学院古脊椎动物与古人类研究所的徐星教授。

这篇课文讲了一个“恐龙并没有灭绝，而是飞上蓝天演化成鸟类”的故事，这也是中国科学家最近二三十年的一个重大发现。其中小盗龙就是一个重要的代表。这些恐龙在中生代末的那次大的自然灾害发生之后幸存了下来，重新繁衍，形成了现在地球上 1 万多种鸟类，它们都是恐龙的后代。

“中国第一龙”

中国恐龙“五宝”中的禄丰龙因为在云南禄丰被发现而得名，它的研究者中国古脊椎动物学之父、恐龙研究之父杨钟健先生，是中国古脊椎动物学的开拓者和奠基人。杨老本身不光是一位古生物学家，也是一位早期的革命者，在学术界有非常高的威望。杨钟健先生根据当时一位德国教授的姓氏音译，给它全名起作“许氏禄丰龙”。

禄丰龙的头比较小，胳膊比较短，既可以四足行走，也可以两足行走，全长大概6米左右，算是一种中型恐龙。它生活在距今2亿年前的侏罗纪早期，也是在中国发现的年代最早的恐龙。大家知道，恐龙最早并不是在中国起源的，普遍认为恐龙的起源地应该是在南美洲，在阿根廷发现的始盗龙和埃雷拉龙，它们被认为是世界上已知最早的恐龙，生活在大概2亿3000万年前左右。

禄丰龙相当于恐龙在南美洲起源之后，经过扩散以及大约3000万年的演化才在中国出现的第一只恐龙。由于这样的一个原因，我们管它叫“中华第一龙”或“中国第一龙”。

许氏禄丰龙是由中国人自主发现、发掘、研究、装架、展出的第一头恐龙。在它被发现之前，中国实际上也发现过其他恐龙化石，但这些恐龙化石大部分都不是很完整，比如发现过一根腿骨，或者发现了一个下颌骨等，把“破碎的恐龙”装架成一头完整的恐龙是比较困难的。由于许氏禄丰龙的完整度非常高，它全身的300多块骨骼化石大概有百分之七八十都保存了下来，这是非常不容易的。1941年，它在重庆装架，对公众展出，当时也引起了轰动。

许氏禄丰龙还有一个世界之最，它是世界上第一枚恐龙邮票的主角。1958年，中国人民邮政出版发行过这张邮票，上面有一个恐龙的骨架，后面还有一个复原图的背景，展示的就是许氏禄丰龙。2017年的时候，中国古动物馆和英国伦敦诺丁汉大学及诺丁汉市政府合作举办了一个展览，叫“从撼地巨人到飞羽精灵——中国恐龙大展”。展示的恐龙当中，有一头就是许氏禄丰龙。

中国有300多种恐龙，那这些化石都是在哪里发现的？据我们统计，全国26个省区都发现过恐龙的化石，包括恐龙的骨骼化石、蛋化石和足迹化石，它们实际上是不一样的。我们根据化石的骨骼、牙齿命名的有322种。同时还会根据恐龙蛋进行分类，因为恐龙蛋有长条形的，有椭球状的，以这种命名的方式，中国已经命名了70种恐龙蛋。比如说窃蛋龙的蛋是长形的，为什么？因为在长形的蛋里头发现了小窃蛋龙的胚胎，在这种特别的情况下，才有可能知道哪一种恐龙下了哪种蛋。而在大多数情况下，骨骼化石和蛋化石是两套不一样的分类系统，没法完全一一对应。还有一个无法对应的是足迹化石，恐龙踩到地上有的时候会留下足迹化石，以此为依据，我们也命名了60种足迹化石。

中国恐龙还有很多未解之谜等待我们去探索，欢迎大家和我们一起探索未知的奥秘。

中国古代发明创新与近代知识革命

中国人对“四大发明”早已耳熟能详。除了“四大发明”，中国古代还有什么重要发明创造？我们如何界定评判它们？

张柏春

中国科学院自然科学史研究所所长、

国际科学史研究院院士

中国古代有没有科学?

中国是一个发明的国度，也擅长工程创造。

关于中国传统科学，人们存在不同的看法。波斯第二帝国的俗谚说：希腊人除了理论之外从未创造过任何东西，他们几乎未传授过后代任何工艺；中国人则相反，他们确实传授了很多工艺,但他们却没有形成科学理论。在20世纪初期,有人明确提出“中国古代有没有科学”的问题。在新文化运动时期，有学者以伽利略时代以来的近代科学为标准，认为中国古代没有实验科学，甚至说没有自然科学。

经过多年的研讨，科技界已经把这个问题搞得比较清楚了。例如，中国古代有自己独特的知识体系，形成了农、医、天、算四门学问。中国人勤于观测，积累了非常丰富的天象记录，创造了历法体系。中国人在数学方面多有创见，解决了各种实际问题和理论问题，发展了以《九章算术》等论著为代表的数学知识体系。考量中国古代有没有科学，要看跟什么对象做比较。参照物不同，结论就不同。如果将中国古代科学和欧洲近代科学做纵向的和地域的比较，这显然是不对等的，是错位的。

欧洲传教士来到明清两朝，曾赞誉过中国的文化和文官制度，但也看到了中国天文学、数学等学科的缺点。他们向中国人传播了欧洲的科学和技术，参与了明清两朝的科技活动。通过传教士和其他来华人员的介绍，莱布尼茨、伏尔泰等欧洲思想家间接地了解了中国的知识和技术，并褒扬了中国知识和技术的优点。

我们不认同“中国古代没有科学”这样的观点，但并不否认中国知识体系存在缺陷或弱项。中国古代学者对某些自然规律的研究确实未达到欧洲同时代的程度，比如墨家对力和光等现象的探究，在战国之后基本没有延续下来。这种状况到明末，才因西学东渐而开始有所改变。

1627年，欧洲来华的耶稣会传教士邓玉函和中国学者王徵编译了《远西奇器图说录最》，该书介绍了欧洲的力学理论和50多种机械，并且试图以力学理论帮助读者理解机械。40多年后，另一位耶稣会传教士南怀仁以力学知识说明新制天文仪器设计的合理性，甚至提到伽利略关于材料、落体运动和弹道的知识。不过，这两位传教士介绍的力学知识并没能刺激中国学者去进一步研究力学理论问题。18世纪，力学理论依然是游离于中国传统社会之外的知识。

怎样估量中国古代发明创造?

中国学者在20世纪初就开始探讨古代的发明创造。在科学家竺可桢的倡导下，

1957 年元旦，中国科学院创建中国自然科学史研究室，也就是后来的中国科学院自然科学史研究所，标志着科学技术史研究在中国的职业化和建制化。

至今，关于中国古代科技史，已出版两套权威的学术丛书：一套是李约瑟的《中国科学技术史》(Science and Civilisation in China)，有 25 册；另一套是中国科学院自然科学史研究所组织撰写、卢嘉锡主编的《中国科学技术史》，共 26 卷。两者具有互补性。这两套书部头太大，非专业人士恐怕没有多少时间系统地阅读。

“四大发明”是欧洲人首先强调的，或者说是他们先贴的标签。对于想更多地了解中国传统科技的朋友来说，如果只讲“四大发明”，就很不解渴。但是，如果要讲得更多，就有选择多少项才妥当的问题，这还很容易引起争议。比如，李约瑟曾以 26 个英文字母为序，列举中国的发明创造，如龙骨车、水排、风扇车、提花机、缫丝机、弧形拱桥、瓷器等。

鉴于这种情况，自然科学史研究所在 2010 年 10 月开始考虑为广大读者，特别是青少年，列一个中国古代重要发明创造的清单。遴选清单内容的时候，我们重点考虑了三项标准：一是突出原创性，强调知识的增量；二是反映古代科技发展的先进水平，就是较其他地区的类似知识先进；三是对中国经济社会发展，乃至世界文明产生过重要影响。要做出判断，需要有可靠的文献或考古依据。对于学界难有定论的方面，暂时搁置，不列入清单。经过国内外专家研讨，我们选定了 88 项重要发明创造，编成挂图和文字说明，2016 年由中国科学技术出版社正式出版《中国古代重要科技发明创造》专书和挂图。与通常的分类有所不同，我们将科技发明创造分为三类：(1) 科学发现与创造；(2) 技术发明；(3) 工程成就。其中，工程成就展现古人创造性地利用先进技术的能力，反映了土木、水利、建筑、冶铸、航海等技术门类的发明创造。

在我们推荐的 88 项发明中，有些发明创造的重要性和影响力并不逊色于“四大发明”。比如，中国大概在一万两千年到一万年前就人工栽培了水稻。现在，水稻是世界的三大主粮之一。类似地，中国率先栽培了最重要的豆类作物——大豆，中国不仅首先驯化栽培了大豆，还发明了豆腐、酱油等食品。下面，举例介绍 88 项发明创造中的水运仪象台。

中国古代科技在宋元时期达到高峰。北宋的吏部尚书苏颂和工程师韩公廉在 1092 年主持建造成一座水运仪象台。这套大型天文装置以一个水轮同时驱动计时装置、浑象和浑仪，汇集了漏壶、秤漏、杠杆、水轮、筒车、齿轮传动、链传动、浑象和浑仪等技术，是技术发明和集成创新的杰作。水运仪象台也被称作“中国天文钟”，其中最突出的发明是控制水轮均匀地做间歇运转的机构，也就是中国式的擒纵机构。

在水运仪象台制成前后，苏颂编写出《新仪象法要》以图说的形式，用 40 多幅机械图和文字，详细描绘了水运仪象台的构造。这部奇特的书是工业革命以前描绘一部机械的最复杂的技术图说，是现代学者研究和复原水运仪象台的主要依据。李约瑟在 1965 年出版的《中国科学技术史》的机械工程分册里，用上百页的篇幅阐述中国的水运仪象技术。

以《新仪象法要》为主要依据，王振铎先生在 1958 年主持制成 1∶5 的水运仪象台复原模型，当时陈列在中国历史博物馆（现中国国家博物馆）。后来，英国学者康布里奇和日本工程师土屋荣夫等人进一步解读《新仪象法要》，先后复原出能够正常运转的水运仪象台。可以毫不夸张地说，中国的许多发明创造对古代经济、社会和文化的发展，对维护国家安全都产生了重大影响。比如丝绸、瓷器、茶叶等拳头产品在世界贸易中显示出很强的竞争力。

在当代，我们花费很大力气要掌握欧美大飞机制造技术，但至今还没有掌握先进发动机技术。在古代，欧洲人想打破中国瓷器的垄断，想方设法寻找合适原料，试图破解关键技术。然而，他们花了几百年时间，直到 18 世纪才达到目的。中国保持了很长时间的制瓷技术优势，既满足了国内需求，又从国际贸易中获利。再比如，中国冶金术并不是起源最早的，却曾是古代最先进的。中国人发明了“块范法”和以生铁为本的钢铁冶炼技术，铸造出了世界上最精致的青铜礼器，使兵器和生产工具走向铁器化。

借助先进的钢铁技术，汉朝军队在与匈奴军队作战时拥有兵器方面的技术优势，以至于一个汉兵可以敌得上几个匈奴兵。宋朝的火器虽然威力不足以挽救王朝命运，但为后世的枪炮，乃至火箭的发展提供了基础。蒙古人西征使用了火器，欧洲人在 19 世纪用更加先进的枪炮打开了火器家乡中国的国门。

发现、发明、传播、共享和互鉴是科学技术发展的常态。中华文明为世界贡献了自己的创造，也兼收了许多外来的科学知识和技术。例如，中国的水稻、大豆等作物栽培技术传向境外，而境外的小麦、玉米、南瓜等作物栽培技术又传入了中国为中国人所用。

15 世纪初期，郑和的船队既充分利用了中国的水密舱壁、平衡舵、硬帆、指南针等多项造船与航海技术发明，又借助了阿拉伯水手及其导航技术——“牵星术”，从而实现了“下西洋”这一壮举。郑和之后，欧洲人进行了更大范围的航海和探险，开启了大航海时代，他们不断进行扩张，牟取丰厚的利益和资源。相比之下，在郑和下西洋之后，中国人缺少进行大航海的动机和冒险精神。

14 世纪以前，中国在科学技术领域取得了卓越的成就，但自元朝后期以来，却很少有重大发明创造。到 17 世纪，中国在科学上被发生了科学革命的欧洲甩在后面。到 18 世纪初期，中国与欧洲在技术上还各有所长，有一定互补性。工业革命使中西技术差距急剧拉大。到 19 世纪中叶，也就是鸦片战争时期，中国跌入“落后挨打”的困难境地。

怎样理解“李约瑟之问”？

16 世纪末，来华耶稣会传教士已经注意到了中国科学落后于欧洲，甚至认为当时中国没有真正的科学。到 19 世纪，西方人认为中国的科学和技术都已经很落伍了。

1883 年 8 月 15 日，美国物理学家罗兰在《为纯科学呼吁》的演讲中说道：

“我时常被问及这样的问题：纯科学与应用科学究竟哪个对世界更重要。为了应用科学，科学本身必须存在。假如我们停止科学的进步而只留意科学的应用，我们很快就会退化成中国人那样，多少代人以来他们都没有什么进步，因为他们只满足于科学的应用，却从来没有追问过他们所做事情中的原理。这些原理就构成了纯科学。中国人知道火药的应用已经若干世纪，如果他们用正确的方法探索其特殊应用的原理，他们就会在获得众多应用的同时发展出化学，甚至物理学。因为只满足于火药能爆炸的事实，而没有寻根问底，中国人已经远远落后于世界的进步。我们现在只是将这个所有民族中最古老、人口最多的民族当成野蛮人。”（王丹红译，《科学新闻》，2005 年第 5 期，第 42 页）

罗兰所做的比较存在时间上的错位，对古代科学与技术关系也有些曲解。在他看来，一方面，中国人知道火药的应用，但只满足于科学的应用；另一方面，中国人从来没有追问过原理，而这些原理构成了纯科学。显然，他的逻辑是有问题的。既然没有科学，那怎么谈得上“科学的应用”？

其实，古代中国人发明火药并不是“科学的应用”。古代欧洲人也不知道火药的化学成分，在科学革命发生之后才有真正意义上的化学，才逐步搞清楚火药的化学成分和爆炸的原理。无论是在西方还是在东方，大多数的古代技术发明并不是科学的应用。

1915 年，中国科学家任鸿隽提出中国古代无科学的观点，后来叶企孙、李俨等学者发表了关于中国古代天文学和数学等知识史的论文。1930 年，汉学家魏特夫和中国科学家竺可桢都曾探讨中国古代没有自然科学或实验科学及其原因等问题。

用今天的时髦话说，李约瑟算得上中国科学和文化的“高级粉丝”。他在 1944 年的一次演讲中提出，现代实验科学和科学理论体系何以发生在西方而不是中国的问题。后来，他将这个问题表述为：为什么在公元前1世纪到公元15世纪期间，中国文明在获取自然知识并将其应用于人的实际需要方面要比西方文明更有成效？换个说法是：科学在古代中国的应用水平很高，那为什么近代科学出现在欧洲，而不是出现在中国？李约瑟问题本身在逻辑上是值得商榷的。他所谓的自然知识的应用主要指的是技术。这样，他所关注的问题是：古代中国在科学知识的获取和应用方面有成效，即在技术方面有成就，因而就应该产生近代科学。从逻辑上来分析，这种问法是有问题的。

历史表明，古代实用技术的发达，未必会导致科学知识的变革。例如，天平在战国时期已经是一种广泛应用的精确称重的工具，但那时中国先贤并没有对杠杆原理做定量的表述。天平只是经验知识的工具化，而不是杠杆原理的应用。因此，技术（或所谓自然知识的应用）的领先不一定会导致近代科学的产生。

在古代，学者的科学传统与工匠的技术传统尚未密切结合，技术与科学的互动要比今人想象的慢得多。即使在当代，科学和技术相互融合、相互渗透，形成了一个更大的体系，但是科学和技术依然有各自的特质。

李约瑟的问题表述可能与他的科学家出身有关。在许多现代科学家看来，科学知识形成之后要应用于实践，导致或促进技术发明。这是现代知识发展的一种现象，古代科学与技术发展往往不是这幅图景，技术往往不是在科学指导下产生的。

有的历史学家认为，李约瑟其实问的是某事为什么没发生，这不是好的历史问题；“问某事为什么发生”这才是好的历史问题。李约瑟问题的确不好回答，但无疑富有启发性，激励着许多关心中国科学的学者思考，深究中国的知识传统与社会，并将中国与欧洲做比较。尽管李约瑟有时大胆假设有余、小心求证不足，说了过头的话，但他的许多猜测是很有想象力的，有启发的，我们不能因为怕猜错而束缚思考和想象力。李约瑟本人和其他学者做了大量研究，就“李约瑟之问”提出了许多观点，但并没有给出令许多人满意的解答。也许，这正是历史研究的魅力所在。

近代中国的知识革命

2011年以来，我们开展“科技革命与国家现代化研究”，其中的部分成果反映在《科技革命与中国现代化》一书中。

从16世纪到18世纪20年代，欧洲传教士来华，采用了以科学助传教的策略，与中国伙伴合作将欧洲古典科学技术及少部分与科学革命相关的知识传入明清两朝，推动了西学东渐。

耶稣会传教士南怀仁在《欧洲天文学》（1687 年）中，把他们在北京的历法改革称作一场“天文学革命”。不过，他所称的“革命”的后果和形式，均与欧洲的科学革命截然不同。传教士引入的异质科学和技术，尚不足以从根本上激发中国知识体系的变革，不能将中国学术引向欧洲那种“科学革命”。其实，那时的中国人对欧洲先后发生的科学革命和工业革命几近一无所知。

到 19 世纪中叶，中国开始“师夷之长技”，走向小规模的工业化和知识变革。清朝在自强运动中重点引进西方船炮及其制造技术，开启军事工业化。中国人由引进机器设备、掌握工业生产技术和制造产品入手，而后逐步掌握生产技术的知识基础，即到“知其所以然”的学理层面，科学和专业教育才显露出重要作用。

经受了鸦片战争、甲午战争等重创之后，越来越多的士大夫和学者们相信，仅靠中国传统知识不足以求强、求富。洋务派及其幕僚们意识到：办洋务需要通晓西方科技的人才，并且提出了不同的培养思路。恭亲王奕䜣主张同文馆内设天文、算学馆。19 世纪，洋务派官员们还创办了船政学堂、水师学堂、电报学堂、武备学堂、矿物学堂、铁路学堂、军医学堂等传授技术与科学知识的新式专科学校。

到 1895 年，朝廷接受盛宣怀的建议，批准创办“天津西学学堂”（1902 年易名北洋大学堂，即现在的天津大学）。它以美国的大学为蓝本，设法律、土木、矿务、机器四科。1898 年，朝廷创建京师大学堂，这就是后来的北京大学。在李鸿章、曾国藩等人提倡下，清朝在 19 世纪 70 年代批准派遣留学生，学习欧美的军政、船政、步算、制造等，以深究“推陈出新之理”。

1872 年，首批 30 名官派幼童赴美留学，到 1875 年共有 120 名幼童留美。

他们在美国的学业进展还算顺利，然而，朝廷担心他们被西洋人同化、离经叛道，于是在 1881 年下令撤回全部留美学生，使这个留学计划半途而废。这件事表明，朝廷鼓励学习西洋技术，但不可越过“中学为体”这个文化底线，这种心态有别于俄国的“脱俄入欧”和日本的“脱亚入欧”。

张之洞既是儒家伦理纲常的维护者，又是西学和实业的提倡者。1901 年，他和刘坤一奏请培养兼通西学与中国经典的新人。1902 年，他建议逐步废除科举制。同年，管学大臣张百熙参照日本学制，拟订了《钦定学堂章程》，其内容涵盖了小学、中学、大学三级学制及实业教育和师范教育的学制。

1903 年，张百熙、荣庆、张之洞受命重新拟订学堂章程，其成果是 1904 年 1 月公布的《奏定学堂章程》(即癸卯学制),其中高等实业学堂分为农业、工业、商业和商船四种。1905年,袁世凯、赵尔巽、张之洞、周馥等封疆大吏联名奏请废科举、推广学堂,得到朝廷批准。

学制改革和废科举是中国发生知识革命的一个重要标志,其作用远超出发起人的预期。由此,近现代科学技术乃至西学在中国从制度上确立了合法地位,在开民智和造就新人方面产生了深刻而广泛的影响。这样,中国人对近现代科学技术的接受由知识层面发展到制度层面,为知识体系的变革创造了制度条件。

一些省份陆续兴办新式学堂,同时越来越多的青年人出国留学,后来涌现出许多科学家、工程师、人文社会科学的学者以及革命者。到民国时期,一些大学初见规模,发展了理、工、农、医主要学科的本科教育,个别学校还尝试了研究生教育。科学技术跻身国家的主流教育,改变了中国的文化结构。随着西方国家向中国的扩张,反映西方社会和西学知识的书刊出版事业在上海等通商口岸兴起,近代科技与人文书籍被翻译成中文,起到了科学启蒙的作用。康有为、梁启超等学者从这些书中找到了维新变法的科学依据。典型的例子是进化论对中国社会的影响早于对中国人研习近现代生物学的影响。严复翻译了赫胥黎的《天演论》,宣扬“物竞天择,适者生存”的社会进化论观点。这部书在1897年年底刊出后,成为维新变法的思想武器。自19世纪中叶开始,工程师、科学家、西医医生等成为中国社会的新角色。詹天佑、任鸿隽等人创办中华工程师会、中国科学社等各种学会,构建了科学技术的学术共同体,推动了学科建设、学术交流、科学研究和科学普及。中华医学会的会长伍连德在1910年和1920年成功主持消灭东北鼠疫,曾被提名诺贝尔奖。

1915年,留美学者创办中国科学社,创刊《科学》杂志。1918年,蔡元培为中国科学社募集基金时强调:“当此科学万能时代,而吾国仅仅有此科学社,吾国之耻也。”

六年之后,孙中山提倡设“中央学术院”为全国最高学术研究机关。国民政府在1928年创办中央研究院,1929年又成立北平研究院,这标志着科学研究建制化,并且被列为国家使命。1949年11月,以中央研究院和北平研究院等科研机构为基础,中华人民共和国建立了中国科学院。

总的来看,从16世纪开始的选择性知识传播,到20世纪前30年现代科技的建制化,中国发生了不同于欧美的科学革命和技术革命。由于现代科学和技术的知识体系、教育制度和研究制度取代了中国传统体系,我们将这场迟来的“地域性的”变革称作“取代式”的科学革命和技术革命。

第四章

科技之光

前沿科技重大成果彰显大国实力。

科学梦想建立在点滴汗水之上

最近一段时间，“量子科技”这个概念非常热，那究竟什么是量子科技呢？

量子是科学家在上个世纪初，为了描述微观世界的状态和微观世界的运动规律所提出来的概念，它是一份一份的。正如描述人时，我们说“一个人”“两个人”，而不能是“一个半人”或“1.3 个人”一样，量子描述的是一个不可分割的最小单元。

薛其坤

中国科学院院士、
南方科技大学校长

被误会的量子技术

现在有很多人在炒作量子产品，比如说“量子鞋垫”“量子水杯”，这些概念显然是不正确的——因为量子力学是描述原子、电子等微观粒子的科学，大家一定要注意这一点。

那么目前世界上难道就没有真正的量子技术、量子产品吗？

实际上，在我们如今的信息社会中，有很多量子产品已经得到了应用，只是我们没有为它们冠上量子这个词，大家可能不知道它们与量子科学的联系。比如说计算机用到的存储信息的硬盘，光纤通信的激光，卫星定位系统用到的原子钟，这些其实都

属于量子技术、量子产品。

量子反常霍尔效应的发现

我的团队在 2012 年年底发现了“量子反常霍尔效应”。那么，什么叫量子反常霍尔效应呢？这是描述材料中电子运动规律的一个效应。在量子反常霍尔效应的状态下，材料中的电子就像高速公路上的汽车一样，排着队、有序地运动。所以说量子反常霍尔效应可以应用在未来的电子器件、计算机芯片中，一旦运用之后，在这种使电子运动规律有序的效应的作用下，所消耗的电便会大大减少，电子器件的运行速度也会加快。

量子反常霍尔效应的发现给了我们什么启示呢？其中一个启示就是高精尖实验技术的打造十分重要，这也是科学创新非常重要的一点。中国古人有句话：“没有金刚钻，不揽瓷器活。”现代科学技术发展到今天，这种高精尖实验技术的打造，就像打造金刚钻一样，非常重要。

科研人的小故事

我想和大家分享几个小故事。

第一个故事是我在年轻的时候考研的故事。我大学毕业那一年曾积极地准备考研，但最终没有成功。为了实现当一个科学家的梦想，大学毕业两年后，我又参加了一次研究生入学考试。尽管也做了很多努力，还是没有成功。到了 1987 年，我参加了第三次研究生入学考试，最后终于被录取了。这个故事给我们的启示就是一定要坚持，人的一生会碰到各种各样的坎坷，但是你只要坚持，我想你就能突破这些难关。

还有就是我指导学生改文章的故事。有一个学生的英文写作水平不是很理想。当他完成第一稿以后，我发现其中有很多问题。当时我给他出了这么一个主意：你把这篇文章改十遍，每改一遍存一个版本，等你改完这十遍以后，把这十个版本同时发给我。

这个学生也许是为了应付，也许是对我布置的这种作业不太理解，结果他在很短的时间就完成了十个版本的文章修改。当他把这十个不同的版本发送给我的时候，我发现其中有不少版本之间只差了一两分钟。后来我就找到他，把每一个版本发生的变化做了一个分析，通过十个版本的比较，我告诉学生怎样才能写好一篇文章，改好一篇文章。

这些都是点点滴滴的小事。所谓理想和精神的培养，可能都要从点点滴滴做起。大家都在谈论追求梦想，但梦想是建立在一点一滴的汗水之上的，是建立在一步一步不断完善的基础之上的。

科学传播不仅仅是科学知识的传播，还应该包括科学精神的传播、科学思想的传播以及科学方法的传播。“少年强则国强”，我衷心地希望广大青少年热爱科学、追逐科学，将来做一个科学家，为中华民族的伟大复兴做出你们的贡献。

改变世界的量子科技

近年来，量子科技发展突飞猛进，成为新一轮科技革命和产业变革的前沿领域。加快发展量子科技对促进高质量发展、保障国家安全具有非常重要的作用。

那么，量子究竟是什么？量子态为什么一观测就坍塌？量子科技诞生 120 年来，两次量子技术革命给世界带来了怎样的影响？让我们从量子概念的起源谈起，仔细梳理两次量子科技革命的内核，深入了解改变世界的量子科技。

常 凯

北京量子信息科学研究院
研究员、
低维量子材料团队负责人

什么是量子?

很多人心中可能会有这样一个问题：量子到底是什么东西？在这里我可以给出一个我觉得相对来说比较好理解的定义——“量子”是微观世界中物质的运动形式。

这个定义中有两个关键概念。第一是“微观世界”。所谓微观世界，肯定是非常小的世界，那么多小的世界才算是微观世界呢？比如说我们大肠里的大肠杆菌，只有1 微米，也就是千分之一毫米；再比如新型冠状病毒，它的大小是 100 纳米，也就是万分之一毫米，这两个当然算是小的了，却还不是量子意义上的“小”。量子力学意义下的微观世界是指“相当于原子直径的大小”，也就是千万分之一毫米的尺度。只有在这种微观尺度下的世界，量子力学才可以发挥作用。

另一个关键概念叫作“运动形式”。举个例子，地球是绕着太阳转的，那么地球的圆周运动就是地球的一种运动形式。再比如说拨动弦乐器时，琴弦会往复地振动，这个振动就是琴弦的运动形式。所谓量子的运动形式其实也就是这个样子，只是它要更加复杂，更加反我们的直觉一些。

在量子时代的前夜，物理学界有两大发现，其一是发现了原子和电子，19 世纪末期，人们认为原子的结构是“枣糕模型”，电子就像是一些枣子一样散布在这个蛋糕里面。其二是发现了光是电磁波。

量子这个概念的发端，就是从一个发光问题来的。我们知道，打铁时，各部位温度从低到高的颜色依次是红色、黄色、白色。这是因为温度越高，发光波长越短，这个现象的学名叫作黑体辐射。

然而到 19 世纪末时，人们发现一个很奇怪的现象：若是按照经典物理的“黑体辐射”推论，随着发光波长越来越短，发光的强度是无限上升的，那么当波长无限小的时候，发光强度就会无限大。这样的话，任何有限温度的物体都可以辐射出无穷大的能量！然而这与现实情况不符合，一定是经典物理出了问题，但是问题出在哪儿却没人知道。所以大家只能把这个问题称作“紫外灾难”。

到了 1900 年，普朗克提出一个假设，即电磁波必须以“整份”能量发射，不能发射“半份”，“一份能量”就被叫作一个“量子”。这就是量子的基本假设，即能量的取值要分离，变成一系列不连续的值。

用这个假设就可以解释“紫外灾难”。普朗克提出一个常数叫“普朗克常数”，得出一个“量子”的能量 = 普朗克常数 × 频率 = 普朗克常数 × 光速 / 波长，这样一来，波长太短的电磁波发射“一份”所需的能量太多，所以实际上无法被发射出来，这就解释了为什么在所谓黑体辐射问题里面，不能够有无限大的紫外光。

在量子概念诞生后的 5 年间，科学界取得了一个非常大的成果，那就是光电效应的解释。通过研究发现，是否产生光电效应与光强无关，只与光的颜色有关。对此，爱因斯坦认为，光波是不连续的，每一份光波是一个“光量子”。

这就证明光有粒子的特性，而 19 世纪初的双缝干涉实验证明了光有波的特性，合在一起就叫作“波粒二象性”，这是光的本质特点。光何时表现粒子性，何时表现波动性，取决于我们的观测方式。

光波的双缝干涉实验

1924 年，有一位叫德布罗意的科学家提出，如果光有“波粒二象性”，那么会不会所有的物质都有“波粒二象性”？那么怎样才能看到物质的波动性？按照德布罗意猜想的公式，越轻越小的物质波动性越强，而 20 世纪初的时候，人们知道的最小的粒子是电子，所以人们自然就会想到用电子去做一个干涉实验，看一下会发生什么。1927 年，有三位科学家几乎同时做了电子的干涉实验，发现其结果与光的干涉实验结果是非常类似的。因此人们发现，电子其实也是一种波。后来科学家们还做过各种各样不同物质的双缝干涉实验，最终发现，众多微观世界中的物体都表现出波粒二象性。

电子双缝干涉实验

20 世纪初，卢瑟福曾提出一个原子模型：中间有一个原子核，电子绕着原子核不停地旋转。随着原子能的应用，这个模型后来变得广为人知。但这个模型有一个问题，当电子回旋打转的时候，它还会往外辐射电磁波，这就会带走能量。时间一长，电子就慢慢地掉到原子核中去了，那整个物质就全部坍缩掉了。

这个问题一开始是经典物理解释不了的，直到尼尔斯·玻尔，这位量子力学的奠基人之一，给出了一个氢原子的量子模型。这个模型表明，由于电子波动性的影响，电子只能在某些分立的轨道上运动，而在这些轨道上运动的电子是稳定的，并不会逐渐损失能量，这就是电子轨道的量子化;微观粒子所处的量子化状态，称为“量子态”;而电子云就是电子作为概率波的存在形式。

水波、电磁波都好理解，那么概率波是什么在波动呢？这就要涉及量子态作为概率波的一个非常神奇的性质：概率叠加。

所有的波都有可叠加的性质，比如说钱塘江大潮中的“交叉潮”，就是两列潮水

沿垂直方向前进，互不干扰。当两列波走到一起时，产生的形状就是叠加的状态，那么量子态其实也是一样。我们将能稳定存在、可观测的电子轨道，称为“本征态”，用 |1〉、|2〉、|3〉 表示，意味着两条轨道的状态是可以相互叠加的。这里叠加的意思就是如果一个原子处在 |1〉 和 |2〉 叠加的状态，那么对其进行测量的话，有 50% 的概率会测到是 |1〉 态，有 50% 的概率测到是 |2〉 态。也就是说，如果对一个量子态进行测量，可以得出结果处于什么态，但是无法反推这个原子一开始处于什么态。

那么能不能通过多次测量并统计结果的方式，以概率学来还原量子态的最初状态呢？很遗憾，这也是不可能的。因为量子态还有另外一个特点：叠加态的坍缩。对于叠加态，测量等价于操作，测量结果是哪个本征态，量子态就会“坍缩”到哪个本征态，所以无法对单个量子态进行反复测量，从而反推初始态。

最后，量子态还有一个非常神奇的特性叫作量子纠缠。如果两个原子间产生关联，制备如下量子态，|11〉+|22〉，也就是说要么是 A 和 B 处在 |1〉 态，要么是 A 和 B 处在 |2〉 态。把这两个原子分开，分多远都行，只要分开的过程不要受到干扰就可以，然后我对原子 A 进行测量，那么有 50% 的概率测到原子 A 是处在 |1〉态。再测量原子 B，100% 也是 |1〉 态。这是一个非常神奇的现象，也是量子力学的魅力。至于为什么会有量子纠缠，现在真的是说不清楚，但是这是我们经过了大量的实验所总结出来的一个确实存在的现象。

运用量子态的特性可以进行许多有趣的实验，比如著名的“薛定谔的猫”就是一个综合运用量子态叠加、纠缠、坍缩性质的思想实验。

身边的量子——第一次量子科技革命

量子力学诞生之后，曾有过一场世纪之争。通过前面两个小节不难发现，量子力学带来的新世界观冲击着 19 世纪以来形成的哲学体系：世界的本质是概率的，而非决定论的；在观测前，被观测物的状态是不确定的，通过观测才能被确定；物理过程具有非定域性，相隔很远的物体也可以通过量子纠缠瞬间发生相互作用。这些就是以玻尔为代表的“哥本哈根诠释”派的观点。

而反“哥本哈根诠释”派的代表人物爱因斯坦认为，“上帝是不掷骰子的！”“难道当我不看月亮的时候，它就不存在了吗？”量子纠缠是“鬼魅般的超距作用”！

1935 年，爱因斯坦、波多尔斯基、罗森共同发表论文，提出了“EPR 佯谬”，在此基础上发展出了隐变量理论。1964 年，有一位叫贝尔的工程师提出可以通过一个不等式来检验隐变量是不是真正存在。

严格检验“隐变量”是否存在的数学标准是，在一个量子系统中，若四个概率之间有如下关系：

$$C_h(a,b)+C_h(a,b')+C_h(a',b)-C_h(a',b')\leqslant 2$$

则隐变量可能存在。否则，说明隐变量不存在，量子态的本质就是概率的。

虽然以当时的实验技术来说，人们无法真正用它来验证理论的哲学争辩，但这并不影响科学家们在量子理论的指导下做出新的发明创造，这就直接引发了从 20 世纪中叶开始的第一次量子科技革命。

其中，最具代表性的事件就是 1947 年世界上第一个半导体晶体管的诞生。半导体的性质必须通过从量子力学导出的能带理论才能够解释。接下来的几十年间，半导体技术发展迅猛，从集成电路的诞生到英特尔第一个微处理器 4004 包含 2250 个晶体管，再到华为麒麟 9000 处理器 153 亿个晶体管……可以说，半导体技术是信息时代的基础。

另外，在量子力学建立之后人们才知道，原来磁性是一种宏观量子现象。电子自旋产生磁矩，一个电子相当于一个小磁针，材料中大量电子磁矩沿同一方向排列，产生宏观磁性。量子力学的原理决定了电子磁矩的分布。所以我们发明了像硬盘这样能够大量存储数据的介质，也就奠定了大数据时代的物质基础。

除此之外，还有激光、核磁共振、超导等，都是第一次量子科技革命中所产生的革命性的应用，可以说量子科技在我们的生活中已经无处不在。

前面提过，贝尔提出不等式后，还没能真正做成裁判，这个局面到 20 世纪 70 年代终于被打破。1972 年，S. J. 弗里德曼和 J. F. 克劳泽进行了第一个贝尔不等式验证实验，结果支持量子力学。30 多年来，众多实验结果均支持量子力学，而与隐变量理论不符。2015 年，荷兰代尔夫特理工大学 R. 韩森领导的小组进行了几乎无漏洞的贝尔不等式验证，基本宣告了隐变量理论的失败。

虽然爱因斯坦最终在这场世纪之辩中落败，但他的思考启发了后人，间接导致了贝尔不等式的产生，进而产生了基于贝尔不等式的“贝尔态”，从而为现代量子计算与量子通信打下了基础。爱因斯坦的思考虽不正确，但绝不是毫无价值，科学研究不怕错，只怕不思考、不实践。

未来的量子——第二次量子科技革命

说完第一次量子科技革命，接下来讲一讲未来的量子世界是什么样子的，也就是第二次量子科技革命。

打个比方，第一次量子科技革命就好像是我们买房子，可能没有什么钱，也没有多少选择，所以主要关心户型（量子态的类型）、楼层（量子态的能量），也就是利用天然存在的量子态，主要操控量子态的能量。而到第二次量子科技革命的时候，相当于买房子时有钱了，房源的选择也多了，那么除了户型、楼层之外，还要关心房子的朝向（量子态的相位）、边户还是中间户（拓扑性质）、周边环境（量子态与环境的纠缠）等，也就是要人工精准定制量子态，全面操控量子态的各种属性。

总的来说，第二次量子科技革命包括四大主要方面，即量子计算、量子通信、量子的精密测量，以及量子材料与物态。

传统计算机的集成电路是基于硅来做的，随着集成电路里连线的粗细逼近原子直径，传统芯片受制于量子隧穿效应，发展遭遇瓶颈。一个根本性的解决办法是寻求全新的计算机理，也就是量子计算。

经典计算机的基本逻辑单元是比特，它是一个开关，只有两种状态，要么是开，要么是关，我们把这两种状态记作 0 或者 1。在一个 32 比特的存储器中，我们最多可以存储一个 9 位的小数。

而量子计算机的基本逻辑单元是量子比特，其状态可以被近似地认为是一个球面。在这个球上有南极、北极，只有这两个点对应的是我们经典比特里面的开和关，或者是 0 和 1 的那个状态。而球上其他的所有点都是所谓的量子叠加的状态，就是 0 和 1 量子叠加的状态。那么一个量子比特它可以处在 0 和 1 叠加的位置，就是 $a|0\rangle+b|1\rangle$，我们看到一个量子比特就可以存两个数，两个量子比特就可以处在 $|00\rangle$、$|01\rangle$、$|10\rangle$、$|11\rangle$ 这 4 种叠加状态的纠缠中，其中可以存四个数。依此类推，N 个量子比特就可以存储 2N 个数。按照这个规律发展下去，50 个量子比特的容量就相当于目前最大的超级计算机，300 个量子比特的容量就相当于宇宙中所有原子的数量，所以说量子计算的处理潜力是让人难以想象的。

量子计算的应用范围极为广阔，如有望破解目前银行普遍使用的 RSA 加密等，它就像尖锐的矛，可以穿透传统的各种保密系统。那么量子计算成熟以后，我们要怎么样保护自己的信息？这就需要量子通信出场了。量子通信的核心就是保密，所以也被叫作量子保密通信。

传统保密的方式就是用密码，这就会造成一个问题：如果密钥被人拿到了，只要这个密钥还没有过期，别人就可以肆无忌惮地去读取这些保密信息。而量子通信不是用数学的方法，它是直接从物理的层面杜绝窃听的发生。

量子通信利用对光子偏振特性的调控和测量实现，如果通信中途有人窃听，光子偏振的方向就有可能发生改变，如果发送方和接收方的密钥不能对比上，就说明有人窃听，通信就要终止。通过这种方法，可以实现完全防窃听。

接下来讲一下量子精密测量，这个可以分为两大方面：计量和测量。计量就是要精确地定义各种物理单位，如怎么样算一米，怎么样算一秒。测量就是测量一个具体物体的物理属性，如它是多少米、多少秒。

传统的计量单位定义依赖特定物体，难以保证精度与稳定性，因为仪器只要使用了就会有磨损，会不准确。直到20世纪下半叶，人们渐渐把计量单位量子化。例如把“米”的定义改成“真空中的光在1/299792458秒内的行程”，这样就不依赖个别物体，具有高准确性、重复性。

有了计量单位的定义，下一步就要去做测量。量子精密测量的范围就更加广泛了，比如说时间测量，有原子钟，可以做到每300亿年差1秒（10^{-18}），角度测量有原子陀螺仪，潜艇定位每月误差1米等。

最后，量子材料与物态领域有许多有趣的方向，如拓扑量子材料、新型超导材料、低维材料等，也都有着广阔的应用前景。举例来说，新型超导材料可以应用在无损输电、磁悬浮、超导量子计算、超导磁探测、产生超强磁场等方面；低维材料的未来目标是电子学性能能够超越硅器件，从而应用于各种量子技术中。

用纳米能源造福世界

能源是我们赖以生存的源泉之一，是社会发展的保证。在现代社会，能源（特别是电力）是社会发展的根本需求。

人类过去靠煤、靠石油实现蒸汽机和航空业的发展。而随着新时代的到来，我们的能源遭遇了新的挑战。物联网、手机等个人通信设备的出现使我们产生了新的能源需要。具体来说，是移动性能源的需要。

王中林
中国科学院外籍院士、
中国科学院北京纳米能源与系统研究所所长、
首席科学家

从低熵能源到高熵能源

移动性能源和过去的能源有什么区别？过去的能源是聚集性、高质量的能源，而移动性能源是分布式、无序的、数量多的、不定的能源。

热力学有两个定律，第一个叫能量守恒定律：煤变成电，电变成光，光变成热，这些过程中能量的总量不变，这叫能量守恒；第二个定律就是熵增加原理，体系中要产生更多的无序性。移动通信是发散式的、分布式的、无线式的，因此对应的能源也是许许多多的小能源。这叫高熵能源，而过去的传统能源叫低熵能源。

如何满足小能源的需求，是新时代对我们提出的挑战。在新时代物联网中，传感网络的驱动要靠很多分布式能源来保障，怎么把这散落的、无序的、不规则能源变成有效的电力，就是我们要做的研究。

能源处处有，怎样才能充分利用好这些能源呢？关键在于把高熵能有效地变为我们可用的能量。

一次“偶然”的发现

出于好奇心，15 年前我开始探索这方面的问题。

我们当时发明了一项技术，可以利用小型的压电材料把手指动作的机械功转化为电功。用同样的原理，我们可以把无序的运动，例如仓鼠的运动，变成小小的电力。

在探索的过程中，我遇到了很多的意外。研究之初，材料的电力输出很小，很难被利用，我和学生们就开始想：怎么能够提高电力输出？在一个偶然的实验错误中，我们找到了答案。

当时我和学生做压电实验时，器件都要分装得整整齐齐，电机要贴得非常紧密才可以。有一次，学生把器件粘得不太紧，中间隔了个小泡泡，我们一测，电量比传统发电机要高——我们的好奇心就来了，为什么高了呢？

通过 6 个月的研究，我们发现引起异常的原因是摩擦起电。但摩擦起电是 2600 年以前就有记载的，所以我们以为这只是一个小发现。

后来我们意识到，这其实是一个大发现——虽然摩擦起电大家都知道，但怎么利用这种效应将其变为电力，是我们当时“意外”发现的新方向。

有时候，发现一个现象是偶然事件——这就是科学的美妙之处。人们常问，到底是什么限制了我们的想象力？其实只要有了一个新的角度，有了一个新的思维，就有可能获得一些新的科技产品。

做科学研究很多时候会非常辛苦，也经常会遭遇失败。其实，很多时候失败就像是被砖绊了一下，你不要绕道走，而是要把这块砖搬开，它的下面可能是一个铁块，铁块搬开了下面是一个铜块，铜块搬开下面是一个金块，把金块搬开以后，下面就会是个“金矿”，也就是科学发现。做任何事情，我们始终要明白：绊倒你的不一定是石头，有可能是金子。

纳米发电机的应用潜力

通过研究，我们发现摩擦发电有三大应用：第一是作为微纳能源，解决一些小型移动电子产品的电力供应问题；第二是作为自驱动传感器的动力来源，这些传感器不需要额外提供电力就可以自己工作；第三是可以收集海洋里的潮汐能，这是很广阔的方向。

在2020年抗疫过程中，我们做出了一种摩擦发电口罩，把这个口罩拍一下，就可以达到消毒的效果。我们还可以把摩擦发电整合到智能鞋上面去，有些人爬山时不是怕迷路吗？这种鞋可以通过发电来进行GPS定位。

摩擦发电可以帮助打造智能纺织。纺织品是最常见的摩擦起电现象的例子，整合我们的技术以后，纺织品就具有了传感功能。除此之外，相关传感器还能测到脉搏、脉象。

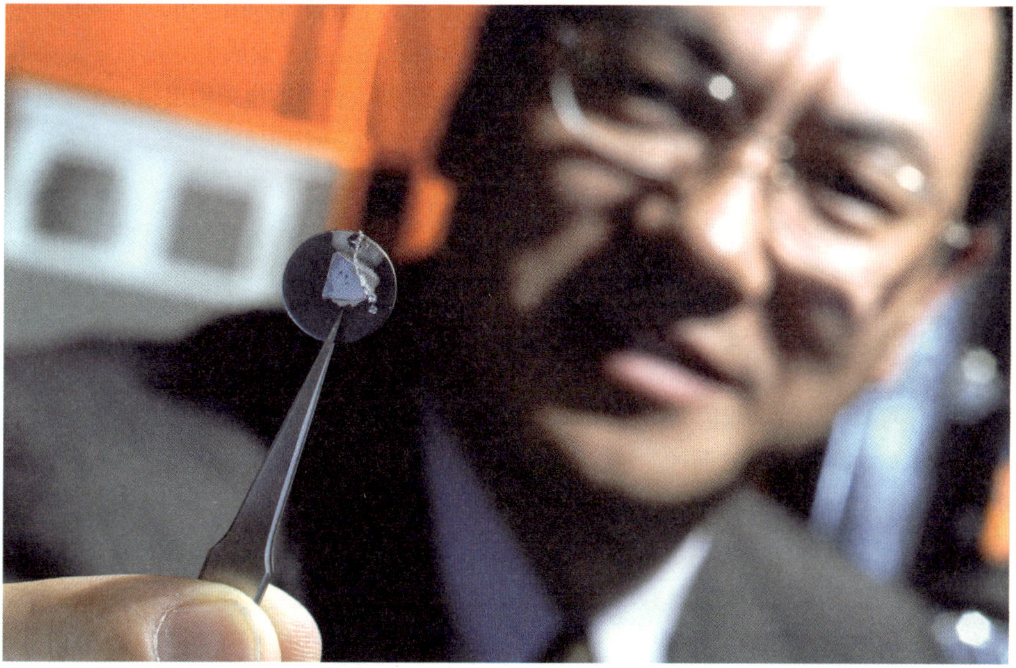

心脏起搏器每隔几年就需要更换一次电池。能不能利用人们呼吸所产生的能量来发电，并消除换电池的麻烦呢？我们通过12年的努力办到了。2019年，我们首次在动物身上实验成功：把一个3厘米长、2厘米宽、1毫米厚的贴片贴到动物胸腔内壁上，动物呼吸带动贴片所产生的电力，正好能够驱动一个商用的心脏起搏器，这开启了植入式生物器件的一个新途径、新领域。

传统电磁发电机转得非常快，而我们的摩擦发电可以把“慢动作”变成有效的电功，且和快速输出的电压是一样的。比如，人走路、挥胳膊这些慢动作，都能变成有效的功和有效的电力。利用摩擦效应我们还能做到走路发电，或者滑梯发电，这些都是通过摩擦纳米发电机，用摩擦生电作为驱动力，从而形成有效的电力供应的。

我们可以将这种慢发电装置做成传感器——只要碰上去，就会产生一个信号。鉴于此，我们把它做到了乒乓球桌上，当乒乓球被打到球桌上沿时是有效球，当被打到球桌下沿时是无效球，我们可以利用这个来研究人的打球习惯，进而开发一些智能体育项目。

除了智能体育，我们还可以用于资料监测，假如图书馆里面有十万本书，哪一天谁动了哪一本书，就有一个信号传出，我们就知道哪一本书在几点几分被人翻动过。

自驱动的传感还可以被用于其他很多地方，比如环境监测。在水质监测中，可以利用水浮动的能量给传感器供电，并将获得的信息通过无线电及时传播出去。

再比如风力发电。风力发电大家都知道，但我现在说的不是大自然的风，而是其他形式——比如随便吹口气能不能变成小小电力？比如空调里边流动的风能不能变成电力？现在我们可以做到，这叫“微风发电”。

水力发电大家也习以为常，其实通过我们的摩擦发电效应，小小的雨点也能变成微小的电力来源。现在太阳能应用很广泛，可在我国南方总是下雨怎么办？我们可以同时收集太阳能和“雨能”。

这项技术还能被用于海洋发电——我们做了很多的摩擦发电单元，连在一起在水波里边漂浮，漂浮的能量就可以收集起来，不管水的深浅，都可以做到漂浮式发电，这种小范围的能源收集叫“蓝色能源”。

纳米发电是一个很有前景的领域，我们现在正在加紧基础研究和产业化应用的研究。我们开拓了麦克斯韦方程，在“麦克斯韦位移电流”方程式里加一项以后，就形成了纳米发电机的理论基础，同时还能把我们的技术定量化。所以，这个领域的未来可以期待。我们正在研究的是过去从来没有用过的发电方式，它可以把一些被浪费的能源变成有效的能源。

我们的这项研究在全球一直是领先的。我们国家在这方面也一直在引领世界，目前全球有 50 多个国家和地区在跟随我们做这方面的研究。

人类对未来是充满希望的，我们要做的是创造未来。通过创造，去实现一个更好的世界！

神奇的石墨烯材料：机遇与挑战

从透明胶带到诺贝尔奖，被称为改变世界的“新材料之王”——石墨烯都有哪些神奇之处？“多才多艺”的石墨烯，其制备技术和应用前景发展如何？走在世界前列的中国石墨烯研究已进入“领跑”阶段，产业化又面临着哪些机遇和挑战？

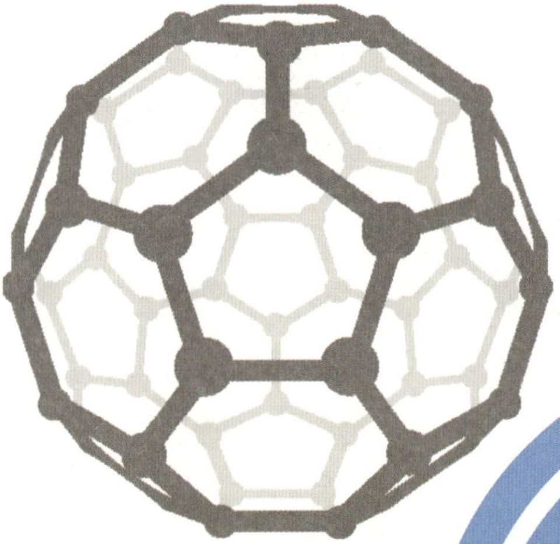

刘忠范

中国科学院院士、
北京石墨烯研究院院长

改变世界的“新材料之王”

首先给大家看一张图片：一头大象站在一根细细的铅笔上，铅笔尖端立在一片薄薄的透明薄膜上面。我的问题是：世界上会有这样结实的材料吗？答案是有，它就是号称“新材料之王”的石墨烯。

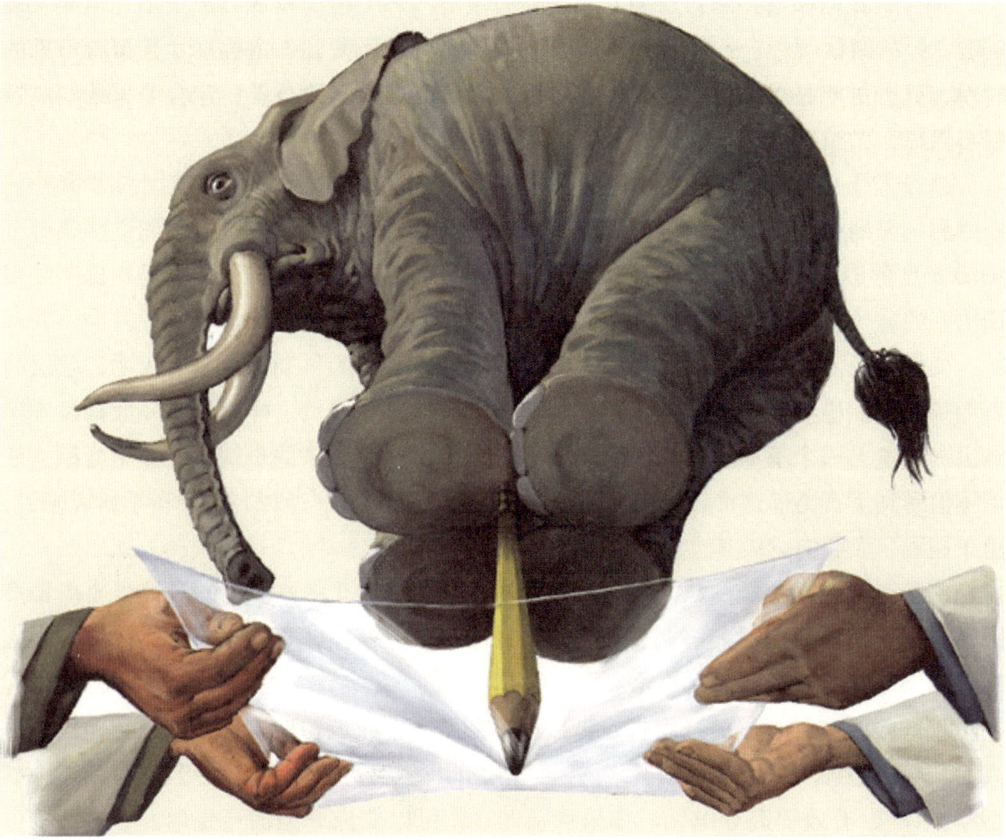

为什么石墨烯是最薄的材料？因为它只有一个原子层，完全由碳原子构成，是一种全新的全碳材料。

它是强度最大的材料，理论上比钢强韧 200 倍。它同时也是导电性最好的材料，导电性是银的 1.6 倍。它还是最好的导热材料，导热性是铜的 13 倍。

大家知道这样神奇的材料最初是怎么做出来的吗？是用透明胶带撕出来的，不可思议吧？

大家都比较熟悉的石墨，它是一种层状的碳材料，由一层一层的碳原子构成。层与层之间的距离是 0.335 纳米，它们之间的相互作用力比较弱，叫范德华力。如果使用胶带黏住石墨，再轻轻一撕，就可以撕下来一层黑黑的东西，当然它不可能是单个碳原子层的石墨烯。但如果反复折叠去撕，运气好的话，就可以把石墨撕到单个碳原子层，得到石墨烯。

那么，我们如何判断自己撕到了一个原子层？一个很简单的方法是用光学显微镜去看。厚的时候颜色会比较重，越薄颜色就越淡，最后薄到一定程度，甚至看不见的时候，就有可能是单层的石墨烯了。根据计算，1 毫米厚的石墨，包含着大约 300 万层石墨烯。

这个看上去比较“笨”的办法，最初是由谁开始做的？是两位英国科学家——安德烈·海姆和康斯坦丁·诺沃肖洛夫。就用这么一个“笨”办法，他们竟然获得了 2010 年度的诺贝尔物理学奖。所以我们也经常讲，石墨烯这个诺贝尔奖是用透明胶带撕出来的。

实际上，不能小瞧这么一个简单但重要的发现。因为早期理论研究表明，单层的石墨烯是不能稳定存在的。那么，从实验角度讲，理论既然这样说了，一般是没人愿意去尝试这么一个不靠谱的东西的。但恰恰是这两位科学家敢于探索，勇于尝试，最后不但得到了石墨烯这种新材料，同时也获得了诺贝尔奖。所以，对于科学研究来说，勇于探索、大胆尝试极其重要。

石墨烯是由六角蜂窝状结构的碳原子构成的，柔性非常好。它的能带结构在 K 点附近呈线性的圆锥状结构，遵循狄拉克方程，因此我们也称之为“狄拉克材料”。实际上如果仔细观察的话，它的导带与价带是相连的，是所谓“零带隙”的半金属材料。

要想提高这种材料的导电性，可以通过掺杂的办法调控费米能级的位置，从而提高参与导电的载流子浓度。一般来讲，氮原子的掺入可以使得费米能级提高，形成“N 型半导体”，有效提高导电性。如果掺杂硼，就可以变成 P 型的石墨烯，导电性也可以获得提高。

石墨烯材料具有极为广阔的应用前景。比方它是透明导电薄膜，可以用于触摸屏。因为石墨烯里边的电子载流子跑的速度非常快，未来有一天，石墨烯也可能用来做超大规模的超快集成电路。现在在国内做得比较多的是，用石墨烯做锂离子电池的导电添加剂，可以有效降低内阻，让充电速度更快，实现快充。

石墨烯属于轻质高强材料，在航空航天领域也有重要的应用前景，石墨烯的电磁屏蔽性质让它可以用来作为隐形飞机的材料。石墨烯还可以用来做智能窗，用它做发热、散热材料，这些应用都在慢慢地走向实用，走向市场。

严格来说，单层石墨才是石墨烯

那么，如何制备石墨烯？对于石墨烯，我一般愿意开玩笑地把它分成两类："男石墨烯"和"女石墨烯"。"男石墨烯"就是粉体石墨烯，看起来就像是活性炭和无定形碳。"女石墨烯"对应于薄膜石墨烯，薄膜石墨烯一般是在高温炉里烧出来的。这两种材料的制备方法完全不同，应用的领域和场景也完全不同。

从规模化制备角度来看，石墨烯粉体制备一般用石墨剥离的办法。我们知道，石墨是一层一层的石墨烯摞起来的，如果能想办法把它分开、拆开，就可以得到石墨烯。大规模制备的时候，当然不能用透明胶带去撕，一般情况下是利用化工过程去做。

一个典型的例子，比方说用浓硫酸加上高锰酸钾去煮，这时候就可以在石墨烯的层与层之间引入这种羟基、羧基的官能团，再通过强力超声的机械作用，就可以把它剥离开来。我们国家在粉体石墨烯制备方面的产量还是相当大的，现在已经达到了每年 5000 多吨的产能。

薄膜石墨烯的规模化制备方法，最有代表性的例子是化学气相沉积技术。在高温炉里面，通过高温化学反应来一层一层制备石墨烯。在 1000 度的铜箔表面，通上甲烷，就可以生成一个单原子层的石墨烯。在薄膜石墨烯的制备方面，我国也是全球领先的，现在年产能在 650 万平方米左右。

严格意义上讲，只有单层的石墨才能算石墨烯，层数增加之后，它的结构会发生变化，层与层之间的堆垛结构也会影响能带结构。所以，从应用角度讲，一般十层以下称为石墨烯，十层以上一般就是普通粉体石墨了。

国内市场：石墨烯产业"三大件"

大家常常把石墨矿、石墨和石墨烯搞混，石墨俗称"黑金"，我国石墨矿储量全球第一。2016 年全球石墨的储量大约是 120 万吨左右，中国就占了 65%。

截至 2020 年 6 月底，在工商部门注册的、营业范围包括石墨烯相关业务的企业，全国范围内达到了 16 800 家，全国已经成立 29 个石墨烯产业园，54 家石墨烯研究院，石墨烯产业创新中心有 8 个，联盟有 12 个，分布在 21 个省市。可以说中国还处在"石墨烯热"之中。

国内市场上，中国石墨烯产业有"三大件"：锂离子电池的导电添加剂、防腐涂料、大健康电加热领域，这三个加到一起差不多能够达到90%，这是中国石墨烯的主要发展现状。

举几个例子，新能源领域的石墨烯改性电池，充电速度更快，容量也有一定幅度的提升，所以得到了国内外的广泛重视。还有石墨烯涂料，重防腐涂料里面一般含有锌，加了石墨烯之后可以降低锌的含量，而且防腐质量和性能都会得到比较好的提升。还有石墨烯相关的健康产品，比如石墨烯电加热服等。在这里它用的是石墨烯的电热性能，即通上电后，起到散热和发热的作用。中国市场上的石墨烯产品有很多，目前大众一些的有预防新型冠状病毒的石墨烯口罩，小众些的有石墨烯手机触摸屏、电池，甚至散热材料、散热涂层。

国外石墨烯领域最著名的是2013年欧盟的石墨烯旗舰计划。启动之后，每年投资1亿欧元，连续10年到2023年。他们希望把基础研究方面的优势转化为产业方面的优势，联合学术机构、产业联合体等把石墨烯从实验室引入工业，目前进展相当不错。还有石墨烯新材料的发源地——英国曼彻斯特大学，2015年3月，成立了国家石墨烯研究院。2015年10月23日，习近平总书记到英国访问的时候，也去做了专程访问。

国外的石墨烯产品目前涵盖了数据通信、传感器和物联网，还有可穿戴家具和大健康，以及新能源等。举几个例子，石墨烯作为超灵敏的电子仪传感器检测有害气体；利用石墨烯做宽带图像的传感器，同时探测可见光和红外光；甚至人们用石墨烯制作WiFi的接收器，这里石墨烯是作为射频电极使用的，它既是柔性的，而且可弯曲、可穿戴，携带起来也比较方便；还有用石墨烯做电子钥匙、石墨烯压力的感应鞋垫、石墨烯的触摸界面T恤等，可以说是琳琅满目。

当然，还有更前卫的，用石墨烯电极做大脑的接口，用石墨烯做钙钛矿太阳能电池等。

2016年10月14日，英国的威廉王子和凯特王妃参观曼彻斯特大学的国家石墨烯研究院，他们试乘了石墨烯作为结构材料、结构复合材料的石墨烯汽车，这是一种轻质高强，轻便型的汽车，当然现在还比较贵，每一辆至少在15万英镑左右。

未来创新：除了“上书架”，更要“上货架”

石墨烯产业现在处于一个什么样的发展阶段？ 2004年可以说是技术的起点，现在差不多可以说是处于高潮过后渐趋冷静的一个阶段。

石墨烯产业现在需要解决的问题究竟是什么？我觉得一是缺失高品质的石墨烯原

材料，它是石墨烯产业的基石。现有的石墨烯材料，尚不足以支撑起未来的石墨烯产业。在质量、性能的稳定性、制造装备乃至价格等方面还有巨大的提升空间。二是解决石墨烯“杀手锏级”的应用，“离开石墨烯就不行”的这种应用领域还在探索当中。

大家也常会提起市场上石墨烯的真假问题，它们都靠谱吗？我在这里给大家一个比较新的数据。

2018年，《先进材料》上曾发表一篇文章，作者之一就是石墨烯诺贝尔奖得主康斯坦丁·诺沃肖洛夫。这篇文章中，研究者们分析了来自美洲、亚洲和欧洲的60家公司的粉体石墨烯样品，发现大多数公司的样品中石墨烯含量低于10%，而且没有一家样品中石墨烯的含量超过50%。说明什么问题？这说明市场上现阶段的石墨烯材料，至少粉体材料还有很大提升空间，需要付出更多的努力。

我一直强调“制备决定未来”，因为材料是产业的基石，对于石墨烯产业来说，当然也是如此。没有规模化制备上的突破，就不可能奢望石墨烯产业的未来。材料的质量提升应该是一个循序渐进的过程，不可能一蹴而就。我原来一直做实验室的基础研究，从实验室石墨烯制备的样品，到规模化的产品，从某种意义上讲涉及三个部分：一个是基础，基础决定实力，如果基础研究做不好，不可能有强大的核心竞争力；第二个是工艺，稳定的、批量制备的工艺决定石墨烯产品的最终质量；最后一个是装备，没有真正的先进的装备，也无法产生真正的竞争优势。所以我一直认为，基础决定实力，工艺决定质量，装备决定胜负。

石墨烯材料的规模化生产面临很多技术挑战，最近我们在ACS Nano上发表了一篇前瞻性的文章。我们把石墨烯分成几条技术路线，就像登山，红旗在山上，通过哪条道能够真正成功到达顶峰？

一条最基本、最通用的技术路线应该是在金属上的单层生长路线。从实验室角度讲，首先要考虑畴区的尺寸、衬底的设计、层数的控制，再进一步考虑第二阶段缺陷的密度、褶皱的问题、掺杂的问题、表面的污染问题。如果真想往产业化方面走，还要考虑大面积生长问题、均一性的问题、生长速度问题，也包括可转移性问题。

最后，竞争的焦点在哪儿？在产能、在良率、在成本、在装备，所以这是现在一个最主流的技术路线。需要强调的是，必须同时考虑如何突破石墨烯的剥离与转移技术，例如长在铜箔上的石墨烯是不能直接去用的，必须把它剥下来，放到目标衬底上。单个原子层的剥离难度非常大，甚至可以说超过其高温生长的难度，也有很多问题需要去解决，比如如何完整地剥离，如何大面积、高效率地剥离等。

与此同时，还有另外一条技术路线，就是无转移生长路线，也就是说不是在金属表面上长，而是在所需要的某种特定的绝缘性衬底上去长，例如蓝宝石衬底。当然还有其他像金属上的多层生长路线也在探索之中。总而言之，未来石墨烯薄膜的规模化生产技术能否突破，关键在于哪条道能走通，能通到什么程度，这个应该说是所有问题的焦点。

我的团队在北京石墨烯研究院，我们一直强调希望能做引领世界的石墨烯材料，尤其是薄膜的制备技术。在这方面，我们目前是国际领先的，例如 A3 尺寸的石墨烯薄膜产品，4 英寸的石墨烯单晶产品，还有更大尺度的石墨烯薄膜的卷对卷生长方法，尤其是首次发明的超洁净石墨烯薄膜，还有既导电又导热的超级石墨烯玻璃，石墨烯玻璃纤维、石墨烯玻璃纤维布等都是我们北京石墨烯研究院开发出来的新一代的石墨烯产品。

与此同时，我们也特别关注装备，自己制造装备也是我们的竞争优势和特色。例如 12 英寸的晶圆高温生长系统、A3 尺寸的静态 CVD 生长系统、4 英寸的晶圆生长系统、6 英寸的晶圆直接生长系统、卷对卷的烯铝集流体等。

2019 年 12 月，我们成功启动了石墨烯薄膜的生产示范线，批量制备各类石墨烯薄膜和晶圆材料。2020 年 9 月 11 日，我们的“孵烯碳材”扬帆起航，成立了石墨烯薄膜事业部，真正实现了规模化生产。与此同时，这个产品还可以储蓄出售，表明我们的石墨烯材料已经向前迈了一大步。

我们现有的石墨烯产品目录，可提供 4 英寸的单晶石墨烯晶圆、卷对卷的动态生长薄膜、A3 尺寸的静态薄膜等，这些都已在市场试售。

应该说，石墨烯产业会建立在石墨烯材料的“杀手锏级”应用基础上，石墨烯不能仅仅作为“万金油式”的添加剂，未来要关注的是石墨烯可能带来的新产业，以及传统产业升级换代的变革性技术，这才是未来石墨烯产业的主体。

比方说超级石墨烯玻璃，材料的透明性加上石墨烯的导电性和导热性，使它成为新一代的玻璃。我们可以用它做电致变色窗、玻璃暖气片、3D 打印池、光学传感器、细胞培养皿，甚至做触摸屏和智能投影墙等。而石墨烯玻璃纤维布有可能成为理想的新一代的柔性加热材料，它的升温速度非常快，在分钟量级、数十秒量级就可以达到几百摄氏度，电热转换效率超过 90%，远超现在的电阻加热式的转换材料。

还有石墨烯光纤，也叫“烯碳光纤”。烯碳光纤可以结合石墨烯的导电性和光纤的传光性，利用光导性质制作新型的电光调制器。我们开发的石墨烯基的第三代半导体 LED 照明技术，比现行的传统技术电光转换效率提高 30% 以上，我们希望未来几年之内能达到真正的实用化、产业化，这些工作在国际上也得到了广泛关注。

发展石墨烯产业绝不是一朝一夕的事情，需要国家意志、产学研的有效结合和长期不懈的努力，不能短期一蹴而就。基于这么一个思考，在北京市政府的支持下，我们成立了北京石墨烯研究院，希望打造石墨烯产业的基石。北京石墨烯研究院是由北京市政府和社会资本共同出资成立的新型研发机构，北京大学是牵头建设单位，我们的一期建设面积是 2 万平方米，十年的总规划是 800 ~1000 人，总投资是 20 亿元人民币左右，坐落在中关村翠湖科技园。目标定位是，践行工匠精神，融通政产学研，打造石墨烯产业的核心竞争力。

未来如何打造核心竞争力？我们一是要引领全球的石墨烯原材料和制造装备，同时，要发展、研发原创性的石墨烯应用产品与相关的核心技术。我们还提出了一个新的方向，叫“定制化的技术研发服务”。期待能够打造一个理想的创新创业平台，来推进石墨烯产业在中国的健康稳步发展。

研究院成立两年来，我们的队伍迅速壮大，现在已经有 230 人在研究院工作。我们致力于通过我们的研发代工伙伴、协同创新中心、产业基地等，打造以 BGI 北京石墨烯研究院为核心的千亿级的石墨烯产业，实际上我们已经初步打造了这样一个产业网络，我们对未来充满信心。

2020 年 5 月份的美国科学期刊上有一整页报道北京石墨烯研究院，尤其强调了我们的双轮驱动的创新模式——既关注现在，也关注未来的一个双轮驱动的协同创新模式。

如果从时间角度去看，碳材料伴随着人类文明一路走到现在。回顾远古时代的钻木取火，其实干木头也是一种碳材料，当然不是纯粹的碳材料。大约 6000 年前，印度人发现了天然的金刚石，现在也形成了金刚石钻石产业。还有在中国的商朝时期用木炭冶炼青铜等，用的也是类似的碳材料。

16 世纪中叶左右，石墨矿被发现，英国人率先用石墨来做铅笔芯，现在也在广泛使用。到了 18 世纪初，这个时候大规模的煤炭应用应该说是带来并且推进了工业革命。再往前走，1872 年，炭黑开始规模化生产，我们知道，炭黑现在在工业上也是不可或缺的原材料。1959 年，日本人近藤昭男发明了聚丙烯经济，现在已经发展成一个新的碳纤维的、碳材料的产业。20 世纪 80 年代中期开始，纳米碳材料被人们发现，像富勒烯 C60，1985 年被发现，1996 年发现者凭此获得了诺贝尔奖。1991 年，日本人饭岛澄男又发现了碳纳米管。2004 年，安德烈 · 海姆和康斯坦丁 · 诺沃肖洛夫发现了石墨烯。2010 年，中国科学家李玉良院士团队首次合成石墨炔，这也是另一类新型的碳材料。

碳材料一个一个地创造新的产业，未来碳材料的产业是什么，我们相信石墨烯当仁不让。所以从这个意义上讲，从碳黑、活性炭产业、金刚石产业、石墨产业、碳纤维产业，到未来石墨烯产业，碳材料为推进人类文明的进步做出了巨大的贡献。

石墨烯作为碳材料家族的新秀，将是碳材料家族的下一个产业的继任者，也是人类文明的最新陪伴者，相信石墨烯产业拥有着无限美好的未来。

中国芯——让智能新能源车“乘风破浪”

随着汽车行业步入“新四化”时代和消费升级的需求，实现车规级芯片的国产化和自主化具有十分重要的战略意义。

甘子钊

中国科学院院士、
北京大学物理学院教授

从应用角度谈半导体的发展

半导体是当代的一个重大产业，从应用角度来说，通常我们把它分成三代半导体，第一代半导体是20世纪四五十年代发展起来的以硅(Si)为代表的集成电路产业，有人把这个时代叫半导体的石器时代，这是因为硅（Si）是石头的主要来源。

第二代半导体，从它的应用来说，是由于光纤通信这个产业带来的重大变化。在这里，半导体材料是以砷化镓（GaAs）为基础的III-V族化合物半导体合金，是在20世纪70年代到80年代发展起来的。

第三代半导体的一个重大的应用是在发光上，目前全世界电力消耗当中，有20%左右是用来照明的。90年代，用氮化镓（GaN）为基座的半导体材料做成的发光二极管比原来的电灯有多大进步？打一个比方，1瓦的电在原来的电灯泡里，它的光总量是16～20流明，流明是关于发光的亮度的一个评价。而氮化镓（GaN）半导体可以做到200～250流明，也就是说，用发光二极管做成的灯，电能转换效率比原来提高了10倍甚至更多。

从整体环境看，现在以发光二极管为主要材料的照明行业可以节约50%以上的电能，这也让照明行业成为一个高产值的行业。拿我们国家来说，2019年的数据是5000～6000亿元，未来我们希望产值可以突破10000亿元。

从2010年开始，用碳化硅（SiC）做的新能源汽车电子器件已经开始使用，以氮化镓（GaN）为基座的也会有很大的应用。大体上我们可以这么说，如果电压在800～900伏以上，氮化镓（GaN）优点很明显。如果电压低一点的话，碳化硅（SiC）的优势更为明显。所以这样来看，在功率电子学的范围内，今后10～20年间，碳化硅（SiC）材料和氮化镓（GaN）材料的应用将是一个主流。

新能源汽车电动机及电池的发展

对于新能源汽车来说，电动机非常关键。在电动机的模式上，未来是永磁同步电机还是交流异步电机，现在还存在争论，但是从物理学家的角度来看，显然永磁同步电机是比较优秀的，因为从功能上来看，永磁电动机的耗能可以减少30%～40%，并且总重量也会减少一半，符合新能源车未来发展的潮流。

永磁发动机的磁体怎样才能做得更好，怎样才能在使用过程中不至于突然失磁，关于这些方面还有很多工作要做。目前我国磁粉工业有一定优势，在钕铁硼（Nd－Fe－B）、钐铁氮（Sm－Fe－N）等方面都做得很好，希望未来新能源汽车产业的发展

可以从侧面推动永磁电机的发展，而永磁电机的发展又会带动整个电力工业的进步。

再来说说新能源汽车电池，目前行业内大量使用的是锂电池，使用钠电池的比较少，但钠电池相比于锂电池还是有一定优势的。锂电池的用料是铜，而钠电池的用料是铝，铝的价格比铜的价格便宜的多，所以钠电池未来是有很多机会的。燃料电池方面，甲醇是非常不错的燃料，甲醇燃料和汽油联合应该是未来发展的主要方向。在新能源电池方面，未来十年我们国家在世界上应该会处于领先位置。

关于电池问题，如果深入研究下去，就牵扯到凝聚态物理学了。在电池当中，超导是离子，随着凝聚态物理学的发展，对离子导电的认识也会更加清晰，最终带来电池行业的进步，而这恰恰是新能源汽车行业的重大进步。

在汽车上发展半导体芯片的必要性

那么，为什么要在汽车上发展半导体芯片呢？汽车是个很大的市场，和人民生产生活密切相关，因此有必要发展一个自己的芯片体系。但车载半导体芯片和普通的信息产业又有所不同，它需要高压、大电流、大功率来支持，不仅仅是硅（Si），也包括碳化硅（SiC）和氮化镓（GaN）等，是一个全新的体系，而这个体系一旦建成，对未来国民经济会起到很大的推动作用。

不可否认的是，在19世纪到20世纪工业化的过程中，汽车行业起到了带头作用，同样作为未来带动技术进步的机会，发展新能源汽车的意义不言而喻，是一个重大的机遇，当然也同样是一个挑战，未来只有真正把国内大循环和国际循环结合起来，才能推动新能源汽车产业又好又快发展。

创造性思维与科技创新

创新是一个民族进步的灵魂，是一个国家兴旺发达的不竭动力，也是中华民族最深沉的民族禀赋。在激烈的国际竞争中，唯创新者进，唯创新者强，唯创新者胜。到底什么是创新？如何激励创新？创新思维如何养成？创新精神像金子一般珍贵，体现在科学家们的每一次灵感迸发和奋力攻关上。

金　涌

中国工程院院士、
清华大学化学工程系教授、
化学工程专家

经过 30 年的高速发展，我国的经济位于世界第二位。过去，我国的发展主要依靠大量使用资源、消耗能源、大量建厂来实现，这种发展模式虽然使我们有了非常大的进步，但是它不可持续。21 世纪初，中央领导提出来，创新是一个民族进步的灵魂，是一个国家兴旺发达的不竭动力，也是中华民族最深沉的民族禀赋。

未来国际竞争主要是经济实力、国防实力、民族凝聚力、综合国力的竞争，而这些最终取决于科技水平、人才素质、创新能力的竞争。而人才素质主要表现在创新能力上，因此科技进步是社会发展的内生要素，技术转移会遇到多种扼制。如今来看，30 年来，我国经济高速发展的粗放型模式已经走到尽头，而科学发展观在于科技拉动经济，在于通过创新实现可持续发展。

创新不能依靠模仿

国力竞争最终不是决定于财富，一流技术是市场换不来的。通过引资、让出市场，会失掉自有技术和品牌，成为依附性国家。外方利用中国企业原有的生产线和劳动力大规模生产自有品牌，利用合资企业的资金为自有品牌做广告宣传。因此自 20 世纪 90 年代初，许多耳熟能详的中国品牌逐渐远离人们的视野，如日用品种的活力 28、白猫等。

一流技术买不来。外国不会把第一流的技术卖给潜在的竞争者。例如，从美国 UOP 公司引进五条十二烷基苯生产线，全部是用剧毒的氢氟酸作催化剂，是美国已淘汰的技术。1980 年左右我国布置下 120 条彩色电视生产线，发现没有买到彩管技术。而引进的彩管生产线，发现电子枪关键技术没有生产特许权。引进电子枪生产线，发现电视已平板液晶化、等离子化了。这种情况并不是偶然现象，而是美国的国策。2005 年，美国科学院就向美国总统和国会提出了题为《站在风暴之上》的报告。报告里提到，随着高级知识的全球扩散及低成本劳动力的出现，美国在市场、科学和技术方面的优势开始受到侵蚀；不强力巩固美国的竞争力基础，将很快失去自己的卓越地位；应通过发展源于天才科学家和工程师的新工艺，为全美公民创造全新的高质量的工作。

发达国家正在通过技术垄断、知识产权、环境门槛来保护其优势，科技竞争、人才竞争是国家间竞争的主要形式。2010 年，美国科学院、工程院、医学科学院院长联署文件，再次强调这些观点，并称已经是迎击强烈飓风的时候了。世界金融风暴以来，美国制定了一系列政策，依靠自身的科技优势，重新夺回高端制造业为主的实体经济。

一流技术也模仿不来。因为技术产权保护，产品更新速度、贸易和环保壁垒，没有给学习者留下空间和时间。我国是DVD世界第一生产大国，每台DVD要向3C联盟、6C联盟交纳专利费，分别为9美元和6美元，国内每台利润要少于5美元。因此只有依靠自主创新，才是唯一的科学发展模式。

创新不一定要昂贵的设备。比如2010年获得诺贝尔奖的石墨烯的发现，就是获奖者用胶带从石墨上粘剥出薄片，再用胶带反复粘贴，剥离出20～30层。获奖者在氮化硅基板上，用原子力显微镜观察到单层石墨薄片的完美六边形网格，厚度为三百万分之一毫米。石墨烯比钻石更坚硬，超导电，又如玻璃般透明，可用于制作触摸屏等超强、超轻复合材料。因此不难看出，创新不一定要昂贵的设备，但要有创新思维。

自然科学创新通常是相互包容，并行不悖，分别界定。而工程科学创新非常残酷，经常出现颠覆和替代。照相胶片风靡一时，柯达、富士、乐凯主宰全球影像，甚至帮助了抽象派画家崛起，写实派画家受到质疑。2000年光学胶卷产量达到顶峰，富士企业利润为1500亿日元，然而数码成像技术兴起后，2011年柯达利润为零，2012年1月柯达申请破产。2013年富士转型成功，发展液晶、制药产业，利润恢复到1450亿日元。柯达曾经占有数码相机专利1000项，希望通过专利保护，封存、垄断数码相机。工程创新的主要思想就是越简单越好，要抓住精髓，而且要有市场经验，要做到恰到好处。

创新与人的思维过程密切相关

创新是一种智力劳动，而且跟人的思维过程密切相关。思维过程有不同的思维方法，在希腊时代，亚里士多德就提出了思维模式是演绎法的观点，具体来讲是从形式逻辑“三段论法”演绎，给知识以普遍的理论基础。如：大前提（金属导电）、小前提（铁是金属）、结论（铁能导电）。

杨振宁先生到清华听清华老师讲课后，他认为清华老师的学识很高，能把所有课的知识详细总结。这类似于给学生做了一个金丝的“笼子”，将学生请进“笼”后，学生跟着老师，学生无论想出什么怪问题，老师都早有准备，并会及时给出答案。杨振宁先生认为这样的方法不太好，因为这样的方法对于聪明的学生比较残忍，禁锢了他们的思维模式。因此杨振宁先生提到了培根的归纳法，即科学研究应从观察和实践出发逐级登攀，从特殊事例上升到较低公理，多级归纳，最后上升到普遍公理。

人们熟悉的爱因斯坦相对论，既不是演绎推论出来的，也不是经验总结出来的，而是直觉法，即从特殊到一般是直觉性的，从一般到特殊是逻辑性的。因此说，单纯推演发现不了重大科学原理。要将演绎、归纳、直觉综合运用，才能实现原创性科学发现。

直觉或悟性是一种非理性逻辑思辨，是从瞬间感悟“跳跃”到事物未知部分的能力。高斯 19 岁解出了 2000 年前的难题，用规、尺作画做成了正十七边形。

创造力：知识不等同于创造

什么叫创造力？创造能力是艺术的、智力的发明才能。创造力是根据一定目的、任务，在脑中创造出新技术、新产品、新形象，并使之实现的过程。心理学家德雷夫达尔说：“创造力是人产生任何一种形式的思维结果的能力，这些结果是新颖的，是产生它们的人事先所未能预料的。”

怎样做一个富于创造力的人？创造有四个要素：创造者的人格特质、创造者的心理历程、创造者的作品、个人与环境的交互作用。创造力人人皆有，“创造性”行为却并非人人都具备。创造力须有充实的知识与经验背景，但知识不等同于创造。创造需要天才，但智力最高不等于有创造力。一般“天才”“高能力”通常表现为数学（定量的）分析能力、空间判断想象能力、逻辑分析能力和语言能力等基础素质。创造发明不等同于高知识、高智力，是多因素的综合，可能发端于微末之处。最简单的可能是最好的，比如光学玻璃透镜制造专利。在新式武器的研发过程中，各国都遇到各种难以迅速攻克的难题，从而影响了战斗力的发挥。比如俄国在生产光学玻璃时，就遇到了大麻烦——玻璃中产生的气泡无法去除。战争年代，光学玻璃是一种非常重要的战略物资，照相机、望远镜、放大镜、显微镜、潜望镜、测量器的镜头都离不开它。当时的俄国并没有掌握制造光学玻璃的核心技术，只有英、法、德三国掌握了光学玻璃生产技术，他们垄断了市场。经过盟国政府间的交涉，俄国花费重金向英国购买光学玻璃透镜制造专利，购得的专利说明书上只有一句话：“在反应过程中不停地搅拌，气泡即可除尽。”

对此，俄国专家们面面相觑，哭笑不得。不过，搅拌的确是生产光学玻璃的关键技术，它可使原料混合均匀，气泡从玻璃液中不断溢出，使玻璃质地均匀、晶莹透明。再比如美国航天局用十年的时间、数十亿美元开发了一种在无重力条件下不漏水的太空笔，而苏联却用铅笔就解决了问题。

想象力：科学创新的核心要素

创造发明的一个重要特质就是想象力，想象力是科学的、创新的核心要素。爱因斯坦说："想象比知识更重要。"这是因为知识是有限的，而想象的空间是无限的。想象大致有四种：臆测性想象指未曾实际经历，根据片段资料推断而创造构想；创造性想象是指根据确定目标，"无"中生"有"；构造性想象指根据多要素，如用途、机能、效率、精密程度综合而成；替代性想象指欲改良已有事物的不合理、不方便之处。其中，地球直径的测算就属于臆测性想象。公元前三世纪，亚历山大图书馆馆长埃拉托色尼利用在阿斯旺小镇日光直射地面的同一时间测亚历山大市阳光倾角，进而计算出地球直径。

创造性想象的核心就是"无"中生"有"。比如可降解塑料的制造，采用在普通塑料（PP、PE）成型时，大量加入淀粉、木屑等，生成可解体材料，废弃后即分解成小块。采用发酵法生产乳酸，再用化学法聚合为乳酸塑料。采用在细胞内合成聚羟基丁酸酯（PHB）塑料，用于人造器官。

想象力还表现在把两个本无关的成熟体系相连接，进而创造出新体系。美国拍了一部电影叫《小鹿斑比》，它实际上是把迪士尼的故事和中国的写意画派结合起来，制作成了一部非常吸引人的动画片。

想象力是种抽象思维能力，是一种非常重要的才能。

物理学家就像一个小孩手里拿了一块怀表，看看时针、分针、秒针在动，听听滴滴答答的响声，可是他们不会打开它看看里面到底是什么结构，他们只能想象里面的结构。现在物理学家对于微观世界——基本粒子（电子、光子、中微子）开展研究，可究竟物质能分到多小，最小的单位是什么？

现在比较多的科学家、物理学家认为，物质分到最小的时候是一个弦，弦须在十维度中振动，除了三维空间、一维时间外，另外六维隐于极小的"致密空间"尚不能被感知。

联想行为是自某种记忆、印象而引发的另一种观念或心像的产生，包括：对分类上近似之事物的类似联想，对功能、特性、时空等的延伸联想、对立联想、反向思维的逆反联想，以及由因果关系引发的因果联想等。

举个逆反联想的例子，比如隧道二极管的发明。日本新力公司由江崎博士主持开发新一代晶体管，以提高锗元素的纯度为目标，已达到99.99999999%，再提纯难度太大，成功无望。新毕业生黑田由里子，提出反向思维，向纯锗内掺杂锗 PN 结，当掺杂量加大到原含量的1000倍时，得到特殊性能的隧道二极管（负阻特性）获得成功。

观察力：创造的必备条件

一个富于创造能力的人必须有非常敏锐的观察力，能够捕捉各种自然现象进行思考。生物学家弗莱明注意到窗外葡萄球菌（致命病菌）培养皿被污染，出现被分解的透明斑块。而能抑制葡萄球菌生长的青霉菌代谢产物（青霉素）是楼上一位学者研究青霉菌时飘落下来的。

此外，耐受力在创新中也不可或缺。中国学者张益唐在逆境中也能够坚持奋斗，最终在创新上有了突破。他从北京大学数学系硕士毕业以后，到美国去读博士，和导师相处得不太好，毕业以后导师甚至不给他写推荐信。本来一个数学家就很难找工作，再加上没有老师的推荐信，张益唐就被困在了美国，在餐馆里端了十几年的盘子。直到有一次，他端盘子的时候看见一个已经是大学教授的师弟，才把他带回美国的一所大学做访问学者。十年以后，经历了艰难困苦，张益唐又回到了数学界，一年以后他就发表了关于“孪生素数猜想”的论文，“孪生素数猜想”在世界数学界里，是跟“哥德巴赫猜想”齐名的一个猜想。由此看来，一个人在历经困苦、折磨的情况下也不要放弃，要坚持自己的信念，最终一定能有收获。

创新是一个年轻人报效祖国、为国家长远发展所需要的素质。创新无处不在，可大，可小，每个人都要培养自己的创新能力。创造能力培养的基础还是在于对已有知识的系统、全面、深刻的掌握，这样才能真正站在巨人的肩上有所发现。创造出于思索，成功出于勤奋。

第五章

星辰大海

我们的征途是星辰大海，我们的目标是和平利用。

中国为什么一定要研发北斗

2020年6月23日，我国第55颗北斗卫星发射成功，历经20年时间，北斗全球卫星导航系统组网成功。“北斗三号”的完美收官，再次见证了中国速度与中国力量。作为我国自主建设、独立运行的全球卫星导航系统，北斗卫星导航系统既是国家重要的空间基础设施，也是名副其实的国之重器。

北斗导航还“现身”于2020年北京高考作文题中。那么，中国为什么一定要研发北斗系统？北斗导航离我们的生活还有多远？

徐　颖

中科院光电所研究员、

北斗导航系统科学家

从天文导航到北斗卫星

北斗这个名字来源于北斗七星，很早的时候，古人就对北斗有了相应的观察和记录，并且开始了对它的应用。

《史记 · 天官书》当中有记载 :“分阴阳，建四时，均五行，移节度，定诸记，皆系于斗。”这里的“斗”指的就是北斗，也就是我们国家的北斗导航定位系统名字的由来。

最早的导航手段叫地文导航。例如在森林当中，我们会通过身边的一些具有标志性的地文的特征来判断自己的方向，其实这就是最初的地文导航。人们通过石头、树木、河流、山川等特征物体来分辨方向。有了地文导航之后，进一步发展就是天文导航，也就是利用太阳、月亮、星星等自然天体来辨识方位，通过一些自然天体来进行导航。

我国四大发明中的指南针就是采用地磁导航的方式来进行导航和定位的。正因为有了指南针，人们的视线才从脚下的土地拓展到了更广袤的空间，人类才有郑和下西洋、发现新大陆以及环游世界这样的壮举。

电是人类近代史上非常重要的发明，有了电之后，就有了无线电系统。随后，人们就可以通过无线电系统的幅度、频率、相位等一系列参数来获取导航信息，这就是无线电导航。无线电导航最早是利用地面的、地基的台站来获取一些无线电的信息，然后发送出去，最后通过测量它的幅度、频率、相位等来获取导航信息。

无线电在地基传播时有测量上的误差，所以无线电导航大多是采用长波导航的方式。为了解决这个问题，人类开始把导航台搬到了人造卫星上面，开始用人造卫星来作为导航台的一个无线电导航系统。

1957 年，世界上第一颗人造地球卫星由苏联发射升空。1958 年，美国发射了“探险者一号”人造地球卫星，利用人造天体来为人类提供导航服务。1964 年，美国研制了世界上最早的全天候、全天时的卫星定位系统——“子午仪”系统。它利用四颗卫星实现全球覆盖；1967 年，“子午仪”系统正式进入民用领域。

“子午仪”因为只有四颗卫星覆盖全球，所以它使用起来具有局限性。一是无法对运动速度非常快的物体进行定位；二是定位精度大概在千米量级，无法实现高精度定位。但是“子午仪”系统也有优势，那就是用少量卫星就可以实现全天候、全天时的覆盖，且不受天气影响，这让人们看到了卫星导航定位系统的巨大优势。

到 1973 年，美国开始建设第二代卫星导航定位系统，通过 20 年的努力，耗资 200 亿美元，在 1994 年正式建成 GPS 系统，也叫全球定位系统。但其真正被人们熟知还是在 1991 年的海湾战争当中。

当时的伊拉克号称“世界第三大军事强国”，但被以美国为首的多国部队，用了 40 多天的时间，就打到没有还手之力，这场战争中发挥出巨大作用的就是还没有完全建成，但是已经展现了它在军事方面的巨大效益的 GPS 系统。

也正是在这场战争之后，全世界都看到了卫星导航定位系统带来的巨大影响，全世界的超级大国都希望构建自己的卫星导航定位系统，其中也包括中国。我们说卫星导航定位系统是一把守护国门的金钥匙，自己家的这把金钥匙一定要握在自己人的手中。

从 20 世纪 70 年代开始，中国就开始积极探索适合我国国情的卫星导航系统，1983 年，著名航天专家陈芳允院士提出了利用两颗地球静止轨道卫星与地面系统相互配合，实现区域性快速导航定位和通信的想法，这为后来北斗的研究提供了理论和技术基础。

1994 年，北斗一号系统正式启动了建设，2000 年，北斗一号的 01 星和 02 星接连入轨，中国成为世界上第三个拥有自己卫星导航定位系统的国家。北斗系统也开始为我国提供导航、定位、授时和通信方面的服务。2003 年，北斗一号系统又发射了一颗备份星，即北斗一号的 03 星，它和前两颗星组成一个完整的系统，作为前两颗星的一个备份星，保障这个系统运行的可靠性。北斗一号正式向军民用户开放使用了。

北斗一号双星系统，因为只有两颗卫星来提供服务，所以它是一种有源定位的方式，但导航系统，只依靠有源定位是远远不够的，这就给北斗系统未来建设提出了全新的要求。

北斗二号：北斗导航的建设与探索

北斗一号系统在 20 世纪 80 年代开始建设，当时很多科技项目都需要经费投入，北斗一号用较少的资金打破了国外卫星导航领域的垄断，但由于自身原理的限制，还有一些缺点，一是存在暴露用户位置的风险；二是用户容量受限，无法做到实时反馈信息，也就无法发展成为全球系统，所以在第一代系统开始建设的同时，我们也开始了第二代导航系统的建设和论证。

北斗系统的建设分“三步走”：第一步，2000 年建成北斗一号系统，也叫北斗双星系统。它主要解决我国卫导系统的有无问题，能够为我国和周边地区用户提供定位、短报文和授时服务。第二步，在 2012 年年底，建成北斗二号系统，主要把有源定位变为无源定位，去除北斗一号的一些缺陷，使无源定位系统能够为我国和周边地区提供更加稳定的导航、定位、测速和授时服务。第三步，就是在 2020 年要建成的系统叫北斗三号系统，也叫北斗全球系统，让北斗系统不仅是中国的北斗，更是世界的北斗，当然也是先进的北斗。因此，在北斗一号系统建设完成以后，按照北斗系统建设的过程，中国就进入了北斗“三步走”中的第二步——构建北斗区域系统。

2007 年，北斗二号系统建设稳步推进，发射了第一颗试验星，我们叫北斗系统的 04 星，它用来接替北斗一号的 01 星，保证系统连续稳定的运行和不间断的服务。因为卫星寿命有限，北斗一号的组网卫星的预期寿命是 8 年。2009 年，发射了 G2 星，接替了北斗系统的 02 星。2010 年，接替 01 星和 03 星的 G1 星和 G3 星顺利地接入了北斗系统，操作时间比预计的时间缩短了一半，而系统服务仅仅中断了 1 秒就实现了平稳过渡。

为什么要强调平稳过渡？因为北斗系统是应用系统，每天都有很多用户在使用北斗系统来进行导航服务。作为应用系统，在升级换代的过程当中，保证用户的使用感受至关重要，因此平稳过渡也是系统建设当中非常重要的环节。

北斗二号系统，也就是北斗区域系统共有 14 颗卫星，其中 5 颗是 GEO 卫星，5 颗是 IGSO 卫星，还有 4 颗是 MEO 卫星。通过这样的混合星座，来为我国和周边的亚太地区提供导航定位服务，同时，星座还采用了“边建边用”“以用促建”的工程建设的方式，这也是全世界唯一的一个混合星座系统。

2012 年 10 月，第 16 颗北斗导航卫星由长征三号乙运载火箭送入太空，中国的北斗二号顺利完成了组网任务，中国正式跻身于世界四大全球卫星导航系统行列。

北斗二代比北斗一代有哪些进步？一代因为只有两颗星，所以需要采用高程辅助，以及有源定位来实现导航定位。二代已经从有源定位的方式变成无源定位的方式，并且可以采用广播式来解决问题。“广播式”的意思是，卫星一直在不断地向下发射信号，地面不管是有 10 个人、100 个人，还是 1000 个人，接收信号都不会受到系统容量的限制，也不存在暴露位置的风险。

从 2012 年 12 月 27 日宣布正式提供服务以来，北斗系统就进入了系统建设和应用推广并举的阶段。性能稳中有升，包括交通、气象、渔业、林业、电信、水利、测绘等各方面，逐步拓展到我们生活当中各方面的应用。

北斗三号：收官之星与全球组网

顺利完成北斗一号和北斗二号建设任务，为我国和周边地区提供导航定位服务以后，如何把北斗从区域系统转变为全球系统？答案是建设北斗三号系统，也叫北斗全球系统。

北斗三号系统是由 30 颗卫星组成的，包括 3 颗 GEO 卫星，也就是静止轨道卫星。3 颗 IGSO 卫星，即小倾角轨道卫星，还有 24 颗 MEO 卫星。

北斗三号系统建成意味着中国北斗已经变成了世界的北斗。那么从北斗二号到北斗三号，中间又需要解决一些什么问题？比起北斗二号系统这样一个广播式的无源系统，北斗三号系统从区域系统走向了全球系统，是一个全方位的技术提升：包括信号体制、高精度的原子钟、星间链路以及搜救功能，这都是北斗二号系统所没有的。

北斗三号系统由 30 颗卫星组成，但在有些地方，我们可能也能看到，北斗三号系统是由 35 颗卫星组成的，这是怎么回事呢？其实，早在 2012 年北斗二号系统建设完成以后，北斗三号系统就进入了论证和验证的阶段，也提出了北斗三号试验星的概念，因为北斗三号系统有很多新技术，而这些新技术需要发射试验卫星来进行验证，所以在 2015、2016 年两年，北斗三号系统一共发射了 5 颗试验卫星。

在这个过程当中有一个叫北斗三号的试验星这样的概念，也就是说北斗三号系统有很多新的技术，我们需要发射试验卫星来对这些技术进行验证。我们总共发射了 5 颗试验卫星。

这些试验卫星对北斗三号的新体制、新技术进行了充分的试验和验证，这就是我们常常说的“‘五星’护航，北斗系统走向全球”。在对这些新体制和新技术验证完成之后，北斗三号系统才正式开始了建设。

北斗三号系统的建设，也分为“三步走”：第一步是 8 颗 MEO 卫星组成的最简系统，有了最简系统之后，就可以对北斗三号的性能进行一些相应的验证。第二步叫基本系统，它是由 1 颗 GEO 再加上 18 颗 MEO 这样的卫星组成的，基本系统在 2018 年年底建成。第三步就是构建北斗全球系统，即 3 颗 GEO 加 3 颗 IGSO，再加 24 颗 MEO，到 2020 年 6 月收官星的发射，意味着北斗三号系统正式完成建设，开始提供全球服务。

到底是基础技术的进步推动了应用科学的发展，还是应用科学的需求牵引而推动了基础技术的进步？这一点科学界一直有所争论。但从北斗系统来讲，一定是北斗系统的需求牵引了我国的星载原子钟技术的进步。

这里要给大家讲一个时间的故事。有人可能会觉得，时间有这么重要吗？手机上、手表上，无时无刻不在显示时间。但事实上，我们能够从有源系统变到无源系统，一个非常关键的点就是原子钟。

在北斗系统建设之前，我国是没有星载原子钟技术的，虽然有地面的原子钟，但是地面的原子钟组特别大，而我们是没有办法把这样的原子钟组搬上天的。这是为什么呢？卫星发射的时候，卫星上的载荷基本保持在 1 公斤左右，等于 1 公斤黄金这样的一个发射成本，所以要把非常大的原子钟组搬上天，代价和成本都是非常高的。所以我们需要有星载原子钟，用它把整个卫星导航定位系统的时间统一到同一个基准上，这样才能够实现北斗系统的定位。

我们知道北斗系统当中卫星导航定位系统的原理是“三球定位”的原理，也就是说，通过测量我和卫星之间的位置后，我就知道自己的位置一定是在以卫星位置为球心，以我们之间的距离为半径这样的一个球体上，三个球面相交得两个点，根据地理常识排除一个不合理点，就可以得到我的位置。

我和卫星之间的距离其实是没有办法直接测量的，是通过无线电在介质当中的传播，用测量到达时间差的这种方式来测量我和卫星之间的距离。知道了无线电从卫星传到我的一个时间，这个时间乘以光速，就可以得知我和卫星之间的距离。光速是 3×10^{8} 米/秒，所以这个时间一定要非常精准，才能够达到现在的卫星导航定位系统的米级、厘米级甚至是毫米级这样的一个定位精度。

在最开始的时候，我国是没有星载原子钟技术的，那个时候打算从国外来购买，瑞士的手表做得不错，原子钟做得也不错。但是在购买的时候会发生一些问题，瑞士一定要取得对华销售的许可证，然后我们才能够购买原子钟。但是什么时候能取得这个许可证，这个许可证需要什么条件才能颁发？

其实会有很多限制条件，也没有任何已知的努力方向。所以在这个时候，我们意识到关键的核心技术真的是买不来、要不来、求不来的，只能够靠自己。所以，当时为了解决这个问题，北斗团队经过了大概两年时间的攻关，最终解决了星载原子钟的技术问题。现在，我们国家的星载原子钟技术已经非常成熟，像北斗三号上面用的氢钟以及天宫二号上面用的冷原子钟等，已经实现了高精度原子钟的技术。

有了星载原子钟之后，我们终于解决了卫星上的时间问题，可以开始进行无源系统的建设了。但是卫星发射也是一个不可预知的过程。到 2020 年，北斗系统密集发射了 53 颗卫星，再发射 2 颗卫星就可以完成整个北斗三号的建设任务，虽受到疫情影响，但倒数第二颗卫星的发射其实还是很顺利的，北斗工程师们的辛苦付出，保障了这一颗卫星的正式发射。

就这样，北斗的最后一颗卫星，就成为全国乃至整个航天史上所瞩目的卫星，原定的发射时间是5月底，鉴于之前有两次航天发射任务失利，其中一次包括长征三乙火箭，它发射时还搭载着一颗外国的卫星，由于火箭第三级出现了问题，这颗卫星没有能够到达预定轨道，受此影响，发射时间从5月份推迟到了6月份，时间确定在6月16日。

但在6月16日早上的发射检查中，发现火箭还存在一些隐患，北斗官方再三权衡之后，做出了一个艰难的决定，使这颗卫星的发射又一次推迟了。在一周之后，经过技术排查，在技术归零之后，6月23日，最后一颗北斗卫星终于在万众瞩目下正式上天了。

北斗系统所有的卫星都是在西昌卫星发射中心发射的，西昌卫星发射中心也在这20年来承接了北斗系统所有卫星的发射任务，也顺利地送最后一颗卫星上了天。在这颗卫星发射之后，就意味着我国提前完成了北斗全球卫星导航定位系统的星座的部署。

北斗系统在2010 ~ 2012年的三年期间，总共发射了15颗卫星，在2018年一年当中成功发射了19颗卫星。它的成功其实不仅意味着中国已经进入了世界卫星导航技术强国之列，也意味着中国开始为全世界提供导航服务，这是中国科技发展对亚太地区乃至世界的巨大贡献，也是中国人在世界航天史上留下的浓墨重彩的一笔。

展望未来："润物细无声"的北斗应用

北斗系统为我们带来中国精度、中国速度，也在生活的方方面面为我们带来中国温度。

大家有时候经常会问，我什么时候才能用上北斗系统，或者什么时候北斗系统才能开始提供服务？事实上，北斗系统很早就已经开始为我们提供服务了，其更多的是以一种"润物细无声"的方式出现在我们的生活当中，你可能还不知道自己已经用上了北斗，但是你已经在生活中的方方面面享受到北斗服务了。

北斗非常典型的一个行业应用叫渔船航运。举个例子来说，目前南海70%的渔船都用上了北斗系统，因为在茫茫大海当中没有手机信号，卫星电话的成本又太高，这时北斗系统就派上了用场。北斗系统不仅可以给渔民定位，还可以给家人发短信、报平安，如果在海上遇到危险，还可以及时向海警求救，因此渔民都把北斗系统叫"海上保护神"。

第二个应用就是精准授时，有了高精度的时间之后，就可以做非常精准的授时。有人会觉得，要这么准确的时间有什么用？手表只要能精准到秒，甚至精准到分钟，对我们日常生活来说不就已经足够了吗？但其实在很多行业当中，是需要纳秒级授时的，比如金融行业，如果金融结算的时间差一毫秒，最后结算的金额可能就会差出好几千万美元。此外，电力、通信这些关系到国计民生的基础行业也都需要非常精准的时间信息。在这些时间系统当中，如果用 GPS 授时，我们肯定会觉得不放心，不能把这些行业当中的关键命脉依托在别国建立的卫星导航定位系统基础之上，所以北斗系统也能够在关系到国计民生的重要行业当中为我们提供保障和支持。

在防灾减灾和气象监测预报方面，北斗系统也发挥了积极的作用：汶川地震、舟曲泥石流等特大自然灾害当中都有北斗系统的身影；而在气象预报领域，在边远台站和海岛，气象实测数据最先通过北斗导航系统试验卫星传到中心预报服务部门，在北斗导航卫星的技术支持下，近年来我国气象灾害预报和防灾减灾的能力也有了较大的提高。

在交通物流领域，北斗还有一个功能就是可以监测桥梁的形变，比如说这座桥可能发生了一些非常微小的形变，用肉眼是不可视的，但这个形变可能会带来一定的安全隐患。为了解决这样的隐患，我们可以使用北斗的高精度测量功能。使用这种功能，毫米级的形变都能够被检测出来，能够判断这座桥梁或者是这个地基是否还处于一个安全的范围。

再比如动物保护领域，北斗系统曾经给藏羚羊、丹顶鹤等保护动物做过项圈，有了北斗项圈以后，可以实时追踪这些保护动物在无人区的生活状态和路径，并且能够把实时位置进行反馈，对动物保护起到了良好的促进作用。

北斗系统在我们生活当中的应用，可以说是全方位覆盖的。因为它提供给我们的是一个最基本的时间和空间信息，而我们在所有的应用当中，时间和空间恰恰是最基本的信息。随着 2020 年北斗系统的建成，未来北斗系统将从建设和应用并举的状态，变成大力推广和应用北斗的模式。在这个过程当中，我们也希望北斗不仅在各个行业当中广泛应用，也希望北斗系统出现在大众生活中，也就是有一天我们每个人的手机上都会有中国北斗系统来提供服务。

目前市面上 70% 以上的智能手机都已经装载了北斗系统，典型的如小米、华为、魅族、联想，还有三星。但大家可能并不知道北斗系统的存在，因为手机总会提示，卫星导航信号弱，或者是 GPS 信号弱，好像很少提到北斗，这是因为手机上的芯片大多是系统芯片，也就是说手机不仅能够接收 GPS 信号，也能收到北斗的信号，更能收到 GLONASS 的信号，再往后可能还能收到 Galileo 的信号，是利用所有的卫星信号来提供这样的服务。这也是为什么说兼容和互操作是北斗的基本原则之一。

如果想要单独使用北斗导航，可以用安卓系统手机下载北斗助手等 App，并在空旷的地方打开手机，如果带有中国国旗的小图标被点亮，说明手机里就是北斗系统在提供服务。

北斗三号建成之后，未来的导航技术将会往什么方向发展？现在导航科学家们正在论证的技术叫中国国家 PNT 体系，P 是 positioning 定位，N 是 navigation 导航，T 是 time 时间，即导航定位和授时体系。

卫星导航定位系统解决了室外 90% 以上的导航和定位的需求。但同时它还存在很多盲区和问题，比如说在室内导航收不到信号，没有办法提供服务。比如说在水下，比如说在外太空，这些都是导航的盲区。而在这些盲区当中，如何用新技术和新手段来解决这些问题，有待发现和探索。最终真正形成以中国北斗为核心，其他新技术作为补充、增强和备份的完整的中国国家 PNT 体系，这是导航的未来，也是大家为之努力和奋斗的方向。

人类的火星梦想与征途

2020 年 7 月到 8 月，人类探测火星迎来大约两年一次的窗口期。中国的火星探测任务“天问一号”也将择机发射。火星，这颗位于太阳系的红色星球一直披着神秘面纱，也给了人类无数的想象与希望。火星上有没有生命？真实的火星究竟是什么样？我们到底能不能在火星上种土豆？

郑永春

中国科学院国家天文台研究员、行星科学家、科普作家

夜空中“与众不同”的火星

在夜空中怎么找到火星？我教大家一个小妙招：拿出手机，在应用商店里输入星空、星图、认星这几个关键词，再选一个评价比较好的应用软件安装好。

然后打开这个软件，设置好你所在的位置，或者是自动定位。比如说你在杭州，你就把它设置成浙江杭州，然后把手机再对准夜空的时候，它就会告诉你夜空中的每一颗星星是什么星，离我们有多远，有多亮，是什么样的成分，位于哪个星座等。对于有些太阳系的行星，还会有近距离、高分辨率的照片让你进一步认识它。

当你在夜空中找到火星的时候，你拿起望远镜，哪怕是简易一点的双筒望远镜，将其对准火星，你就会看到若隐若现、或明或暗、略带一丝暗红色的星球，那就是火星。

一般来说，每年从 6 月开始观测火星效果都不错。刚开始的时候它会在凌晨出现，接着它会在深夜的时候出现，再往后推，它就会在黄昏的时候出现，在晴朗的夏夜往东南方向看去，在双鱼座海王星的附近，你就可以找到火星。当你找到它以后，再去了解它，就会更有兴趣。

火星不是现在才“火”起来的，它一直都很“火”。自人类社会产生以来，神话和人类一直相伴相随，因为这个自然界有太多人类无法解释的现象，自然就产生了神话。

古人仰望星空，发现火星颜色与众不同，所以早就注意到了它，并对它产生了好奇。

火星在人类文化中被当成了“凶星”

罗马神话中，火星象征着战神，叫玛尔斯。现在火星的英文单词 Mars 就是源自这位战神。在北欧神话中，火星叫提尔，也是战神。星期二，Tuesday，其实就源自这位战神。在希腊神话中，火星则是以血腥残暴著称的战神阿瑞斯，阿瑞斯是奥林匹斯山的十二主神之一。因为星期二也是历史上拜占庭帝国的首都——君士坦丁堡失守的那天，所以希腊人就把星期二视为一周中最不吉利的日子。

我们知道，人类起源于东非，有一个共同的祖先，人类文明其实是同宗同源。现在所谓的人类文明多元化只是后来分化的结果，仍然有一些传统文化延续了下来。比如说在中国、日本、韩国、新加坡等这些东亚地区，一直有“金木水火土”五行之说，“金木水火土”就是夜空中肉眼可见的五颗行星，再加上白天最亮的太阳，晚上最亮的月亮，构成了“七耀”，正好对应一周 7 天。其中星期二叫火耀日，目前日本等一些国家还在沿用这些称呼。

中国古代神话中也有把火星和战争灾难联系起来的，比如三国时期有本书叫《广雅·释天篇》，它里面就有这样的记载，“荧惑一曰罚星，或曰执法。”其实都是兵象的征兆。

还有一个占星术里面也说，当火星运行到东方七宿的心宿附近时，被认为是大凶之兆。因为心宿里面有一颗星代表着帝王，这就是心宿二，也叫大火星，所以火星和星宿二相遇的时候，叫“荧惑守心”，被认为是大凶。

其实这是误会火星了，肉眼看火星和星宿二似乎是走到一起去了，但其实这两颗星相距十分遥远，所以“荧惑守心”跟吉凶没有任何关系。

无论是东方还是西方，人们都会把火星和战争、灾难、血腥联系在一起，因为它看起来是红色的，被认为是不祥的征兆。但神话毕竟是神话，我们需要用科学说话。

中国自汉代以来，“火星”的名字就已经有了，也有时叫赤星，或者是荧惑。火星和赤星好理解，因为它是红色的。为什么叫荧惑？一方面是因为火星是红色的，荧荧如火，像火一样。另一方面，火星在天空中若隐若现，它的亮度变化比较大，有时候会比较亮，特别好找，有时候又比较暗，让人琢磨不透，所以就把它叫荧惑，惑就是心中有惑，让人看不懂。

500 年来，对火星的描述真假难辨

在望远镜发明以前，我们只能靠眼睛来观测火星，所以得到的信息非常有限，我们只能看到它在天空中的运动。

望远镜还没有发明的 1543 年，哥白尼就提出火星是绕太阳运行的，不是绕地球运行的，这就是日心说。

到了 1609 年，开普勒宣布，火星绕太阳运行的轨道不是圆形的，是一个椭圆，椭圆就有了近日点和远日点，这是一个巨大进步，靠太阳近的时候它就跑得快，离太阳远的时候它就跑得慢一点，这就是近快、远慢的规律。1610 年，伽利略发明了望远镜，并且他也把望远镜对准了天空去观测火星。到 1659 年，惠更斯通过对火星的观测得到了火星的自转周期。火星上有一些明暗相间的特征，通过观测这些特征的一些变化，就可以得到火星的自转周期是 24 小时 37 分钟，400 年前就能得到这样的数据，非常不容易。

1666 年，卡西尼观测火星的时候绘制了火星的地图，现在来看这些地图都是很粗劣的，但也是第一次把天上的地图画出来了。

等到了 1877 年，遇到一次火星冲日，就是地球和火星最近的时候。美国人霍尔

发现了火星的两颗小卫星，所以在火星上看天空你会看到两颗“小月亮”，这两颗“小月亮”出现得很频繁，移动得也很快，就像两个灯泡在天空上移动一样，这两颗小卫星被认为是“战神”火星的随从。

同样是在这一年，意大利天文学家斯基亚帕雷利勾勒出了一些火星上的线条样的形状，就跟蜘蛛网一样。然后被美国人罗威尔看到了，罗威尔认为这是火星上人工建造的运河，本来意大利的斯基亚帕雷利发现它的时候，认为它是火星上的河道，到了翻译成英文的时候，人家就把它翻译成了运河，河道和运河就差一个字，但是意思是有天壤之别的。

运河是人工挖掘出来的，代表着有火星人和火星的农业。而河道是天然形成的，肯定跟人没有关系。所以在此之后，一系列跟火星有关的科幻小说，比如《火星纪事》《红色星球》等，就把我们对火星的关注从天文视角转移到了文化和社会的视角。

到现在为止，从地球上观测火星已经有四五百年的时间了。在这么长的时间里，人类绘制了一系列的火星地图，一本叫《火星全书》的书曾经把这些地图全部展示了出来。我们可以看到，火星地图上的线条越来越丰富，精细程度明显增加。但是我们也看到，这些地图里面无不充满了牵强附会和一些推测，真假难辨，所以现代人必须基于航天技术对火星进行深空探测了。

火星上有“人脸”一直盯着地球？

1976 年，美国发射了“海盗 1 号”和“海盗 2 号”两个火星着陆器，它们在拍摄火星表面图片的时候，拍到了一张火星上的人脸，你会看到眼睛、鼻子、嘴巴，然后朝向地球方向，在凝视着地球。

当然，地球人看到火星上的一张人脸盯着地球在看，内心也是恐惧和害怕的，何况几千年的神话中，火星一直跟战争、跟灾难、跟血腥联系在一起。

随着科技的进步，后来更先进的航天器火星快车拍摄火星表面时发现，所谓的火星人脸其实是一座山，有山这么大的人吗？实际上是这个山的阴影造成了它的眼睛、鼻子、嘴巴，它跟人没有任何关系。但是关于火星人的这种猜测从来没有断过。

后来又有火星车被派过去，拍到有“火星人”在火星上晒太阳，坐在一块石头边上。幸亏这张照片也不是第一次被拍到，上面有遥感卫星，下面有火星车，从很多角度来拍，拍摄的时间也不同，所以你把几年前的老照片翻出来就会发现，这个“火星人”在火星上晒太阳晒了好几年，从来都没回过家，也不吃东西，原来它只是一些像人形的石头而已。

火星在太阳系宜居带的外围，也不能说它完全不在宜居带，但是它肯定也不是一个非常适宜生命生存的地方。

地球是太空中的一颗蔚蓝色的生机勃勃的星球，火星是太空中一颗红色的荒漠行星。火星的直径是地球的一半，火星上也有一年四季，有春夏秋冬，不同的是火星上的一个季节差不多需要 6 个月时间，而火星上的一年相当于地球上的 23 个月，其自转一圈叫一天，公转一圈叫一年。你也可以算一算，如果你在火星上生活，你现在应该是多少岁。

火星上真的能种土豆吗?

从 2015 年的科幻大片上，很多人都看到过火星上可以种土豆，因为宇航员要想在火星上活下去就只能靠每天种土豆、做土豆、吃土豆。

要想在火星上种土豆，首先要看它的环境条件合不合适。首先来看温度，在火星的赤道地区记录到的白天的最高温度可以达到 30℃，但是夜间最冷的温度是 -80℃ ~ -100℃。所以，人类需要建立温室，并在温室中培养植物。

其次看土壤。火星的土壤跟地球土壤里面的营养元素大致相似，有些元素火星上还会高一点，比如说磷元素，氮磷钾是植物生长的必需元素。当然在不同地区，可能土壤成分并不一样。目前，科学家模拟出火星土壤以后进行种植实验，也得到了很多很好的结果。另外，农学家们正在选出一些极端条件下能够生存的作物或者微生物，然后把它们送到火星上去，让它们吸收火星上的二氧化碳，然后释放出氧气，改造火星的环境，等到微生物大规模菌团作战把火星环境改造好了，人类再过去，就会安全得多了。

第三看水资源。火星上有水，但是很稀缺，所以水必须进行循环利用。这些技术在国际空间站上也已经有了。

第四看氧气。不是所有生命都需要氧气。地球在 22 亿年以前是没有氧气的，那个时候地球上都是厌氧生物,不需要氧气。等到 22 亿年的时候发生了一次大氧化事件，这次大氧化事件使得大量的氧气产生了，原来那些厌氧生物它们闻到氧气的时候都死了，此时，我们这些需要氧气的生物才发展起来了，所以是否有氧气不是判断有没有生命的前提条件。

其实各种在太空和月球的种植试验已经在进行了。在国际空间站上已经开出了太空第一花，就是百日菊，因为太空里没有重力，它会平铺着来长，会长成其他各种各样的形状。

2019 年年初，中国的“嫦娥四号”登陆了月球背面，中国科学家培育出的棉花在月球背面发出芽来，这也是第一片在月球上长出的嫩叶。

登陆火星恐怖的“黑色 7 分钟”

火星是太阳系的第四颗行星，地球是第三颗行星，地球绕太阳跑一圈只要 365 天，火星绕太阳跑一圈则需要 687 天。

如果从地球去火星，不是想去就能去的，因为你要选一条最节省燃料的途径。最好把自转的速度和公转的速度都利用起来，正好顺着这个势“甩”出去。“甩”出去的时候，恰好火星也走到合适的地方，火星在前方的跑道上“等”着。

通过计算我们发现，发射火星探测器时，当火星正好在地球前方 44 度左右的时候最节省燃料，发射效果也最好。这个时候地球往前走，当火星也往前走，走到中间，火星探测器发射大概两三个月之后会迎来一个重要的时间节点，也就是火星冲日，这时地球、火星、太阳在一条直线上，火星到地球的距离最近。火星探测器发射后是沿着抛物线运行的，经过 7 ~ 10 个月的飞行，它就会抵达火星。

1964 年，美国发射了“水手 4 号”，这是第一个成功飞越火星的探测器，并且把火星照片传回了地球。当时的照片很模糊，只有一些明暗相间的条纹。

到了 1976 年美国“海盗 1 号”着陆火星时，它必须穿过火星的大气层，这是一个重要的考验，因为不知道大气是什么样的。如果大气层厚，那么航天器通过摩擦后减速效果就非常好，但是如果大气层非常稀薄，那么航天器就会撞到火星地面上，这个时候就需要把航天器的速度从每小时 2 万公里减到 0，这个减速的时间只有短短 7 分钟。这是非常困难的，这就是为什么很多火星探测器会在这一阶段失败的原因。

“海盗 1 号”传回地球的火星表面图像比以前清晰得多，能看到火星上的沙尘和石块，甚至还能看到火星远处的山脉。

火星上大部分时间里，天空是一片橙红色，有时候天空会变得特别红，还会席卷整个火星表面，这说明火星上掀起了全球性的沙尘暴，有时还会有局部地区的龙卷风。

世界各国探测火星的征途

目前，世界很多国家都在瞄准火星，这是因为整个太空里面，除了月亮，火星跟地球环境最像，最有可能有生命，也是未来有可能实现大规模宜居的星球，地球人自然对火星产生了浓厚的兴趣。

2003 年，欧洲发射了“火星快车”空间探测器，获得了火星上的很多数据和图像，它发现火星的南北半球的边界上有很多的海岸线，和地球上的海岸线非常相似。火星上已经没有海洋了，但是残留着海岸线，这些海岸线说明火星的北半球曾经是一片巨大的海洋。

后来欧洲又发射了火星勘测轨道器，上面有一个非常巨大的、分辨率更高的相机，它能够对火星上的每一寸土地进行拍照，它能识别出篮球大小的物体，如果真有火星人的话是能够找到的。

美国还发射过一个“马文号”探测器，它的目的是研究火星的大气层。它发现火星的大气其实是被太阳风吹走的，这是因为火星的磁场消失之后太阳风就直接吹到了火星表面，把大气带走了。

太阳风会吹走地球的大气吗？地球也有一层大约 100 公里厚的大气层，如果没有大气层，地球上所有生命都将灭绝。从目前来看，地球有一个非常完美的磁场，把大气层牢牢地“锁”在地球表面，所以太阳风没有办法吹到地球表面。地球磁场消失可能还有几十亿年的时间，在这个时间段内，地球的大气是安全的。

地球派探测器去火星已经有 40 多次了，但成功率只有一半多。火星车代表着火星探测的最高技术难度，到现在为止已经发展到第三代了。最大的火星车现在还在火星上运行，这就是美国的“好奇号”，价格达到 150 亿元人民币，重量跟私家小汽车差不多，高度比人还要高，这辆火星车没有翅膀，也不需要用太阳能发电，它有核动力，晚上也可以工作。

“好奇号”不仅是一辆火星车，它还有一个正式的名称叫“火星科学实验室”，地球上一个矿物实验室能够完成的大部分分析工作，这辆火星车都能够完成。比如它有一个机械臂，还会打转。它会选择特定的、有科学价值的石块打一个转，然后把表面的一些风化物质磨掉，把里面深处的东西取出来放到罐子里加上试剂，让它们发生化学反应，并释放出一些挥发物和气体。然后对这些气体进行分析，就能知道这个石块是在什么样的条件下形成的，是不是被水浸泡过等，通过这些蛛丝马迹来看清楚火星的真面目。

火星车也做了很多科普和科学传播的工作，比如通过它看到火星上的夕阳是蓝色的，看到的地球是一个非常小的蓝色小星星，悬挂在地平线上……

火星最高峰是珠穆朗玛峰的 2 倍有余

火星的北半球曾经是一片大的海洋，跟地球曾经非常相似，也有海洋和大陆。而火星比地球要小得多，火星的表面积相当于地球上的所有陆地面积之和。地球上有板块作用，于是产生了火山、地震，以及各种各样的造山带。但火星上没有板块，它是不动的。

火星上有一个大火山，被命名为“奥林匹斯山”，奥林匹斯是希腊神话十二主神之一——宙斯所在的地方。奥林匹斯山曾经是一个火山口，大规模的岩浆喷发在周围形成了一个非常大的火山沉积物的分布区。火山高达 22 000 米，是地球最高峰珠穆朗玛峰的 2 倍有余。

奥林匹斯山有一个断崖，这表明奥林匹斯山是在整个台地上升起来的一座巨大的火山。这座大火山的周围还有三座处在一条直线上的火山，这三座火山的高度也基本接近。

科学家推测，这三座火山下面可能有同一个岩浆囊。火山的形成说明火星上曾经有非常强烈的火山爆发运动，只是不知道那个时候有没有生命。地球上火山喷发规模都相对较小，比如夏威夷群岛其实是火山喷发形成的，东北的五大连池也是火山喷发形成的，内蒙古、云南腾冲、四川等地也有火山，规模都不大。地球上如果有这么大规模的火山喷发，必然会引起大规模的物种灭绝。

火星上还有一个非常庞大的“水手大峡谷”。“水手号”是人类历史上第一次成功探测火星的探测器，“水手四号”在 1964 年发射，1965 年抵达火星，所以用“水手号”的名字来命名这个大峡谷。它从东到西横跨火星将近一个半球的距离，长达 4000 公里，相当于北京到广州一个来回，宽的地方有几百公里宽，把地球上的东非大裂谷、美国的科罗拉多大峡谷、中国的雅鲁藏布大峡谷等全部放进去都填不满。

火星车还在火星上探测到了一个曾经碧波荡漾的湖泊，这个湖里留下了很多的沉积物。从科学的角度来讲，这表明我们离发现生命的生存环境更进了一步。

火星上有很多河流干涸带的遗迹，还有鹅卵石。鹅卵石越圆，说明它越在下游，流速越快；越在上游，棱角性就会越明显；并且越到下游直径越小，棱角性越小。通过这个研究我们就可以知道，这里曾经有一条河在奔流。

在火星的南北极都有很多冰盖，这些冰盖大部分是二氧化碳，只有少量的水。和地球上的冰盖一样，在夏天的时候也会融化，当然不是全部融化，在冬天时这些冰盖则会凝结。

火星上有没有生命存在?

火星上也有不同的土壤，它们有不同的颜色、不同的成分。如果在那个地方开展农业，说不准不同的地方产出来的稻米也会有不同的风味，这就叫土特产了。

火星跟地球一样有很多风蚀地貌，就是沙尘吹蚀产生的一些独特的地貌，这个地貌跟青藏高原、内蒙戈壁这样的一些雅丹地貌很相似。但是在这里面，相似之中也有不相似。火星上的引力是地球上的 1/3，这就意味着同样的一个地形、一个石块，它在地球上和火星上受到的引力是不一样的，引力不一样就会对地貌产生不一样的影响。如果引力小，奇形怪状的地貌能够维持的可能性就更高。

火星的空气里面有一种微量的气体——甲烷，有了甲烷我们是不是就可以证明它存在生命？还不行。如果在地球上，基本上就可以这么断定了，但是如果在火星上，那么还有另外一种可能——岩石和水发生反应也会产生甲烷气体，不需要微生物参与。

那么有没有办法准确判断出生命的存在呢？同位素质谱仪能对每个甲烷里面的碳分子进行同位素分析，分析之后你就会知道，微生物产生的同位素跟石头反应产生的同位素是不一样的。但可惜的是，这些大型仪器没有办法运到火星上去。要么把火星上的大气取回来在地球上分析，要么把大型仪器小型化，搬到火星上去，两者都不容易。所以深空探测对科学技术提出了要求，使得我们需要达到更高的技术才能完成分析。

2020 年第五个中国航天日期间，国家航天局发布了中国行星探测计划的 LOGO 标识和中国首次火星探测计划的标识。中国的行星探测计划被命名为“天问系列”，中国的第一个火星探测器被命名为“天问一号”。

中国的深空探测计划不是只针对火星和月球，而是整个太阳系。将来我们还会探测木星，探测小行星。在火星探测器中，“天问一号”也不是一个单一的探测器，而是由三个探测器组成的，一个是环绕的轨道器，一个是着陆器，还有一辆火星车，也叫巡视器。2020 年 7 月 23 日，火星探测器“天问一号”进入太空，2021 年 5 月 15 日成功登陆火星表面，中国的航天事业又向前迈进了一步。

集合啦！宇宙“星”友会

2020 年 4 月 24 日是中国第五个“国家航天日”，也见证着千百年里华夏儿女从未止步的“航天梦”。悠长的岁月长河中，每当人类仰望星空，点缀着无数繁星的浩瀚苍穹始终都在安静地与我们对望，散发着无尽神秘又震撼的魅力。从夸父追日到流浪地球，苍穹之上到底有些什么？星星、太阳和宇宙到底有着怎样奇妙的“交际圈”？宇宙中藏着哪些未知的“神秘力量”？

刘文彪

北京师范大学物理学系教授、博士生导师

“星”友大揭秘——天上的苍穹有什么？

地球是我们人类的家园，它也是太阳系的八大行星之一，如果从形成开始就算年龄的话，地球现在已经接近 50 亿岁“高龄”了。按离太阳的距离由近到远算，地球位列水星和金星之后，是第三近的行星，从太阳到地球的总距离约 1.5 亿公里，光大约需要走 8 分钟的时间才能到。整体上看，地球是一个两极稍扁、赤道略鼓的不规则椭球体，半径约为 6400 千米。因为赤道周长约为 4 万千米，所以毛泽东写诗“坐地日行 8 万里”来形容地球自转。

目前，地球是人类已知的、宇宙中存在生命的唯一天体。它的内部构造从内向外分别是内核、外核、地幔和地壳。地球圈层可分为内圈和外圈，在这二者之间还存在着一个软流圈，后者有力地支持了大陆漂移板块学说。

那我们抬头看到的那些星星又是什么呢？答案其实是明亮的天体。它们可能是太阳系里的某个行星，也可能是某颗恒星，甚至可能是某个庞大星系、星系团，但多数情况下，我们看到的大部分星星都是发光的恒星。通常，由于物质都在运动，这些恒星都会围绕着它们的星系核旋转，所以它们构成的星系通常也会呈旋涡形状。

我们都知道，太阳系是银河系里的一个普通恒星系统，之外还有很多其他的星系团、超星系团。它们均匀地分布在宇宙中，依靠万有引力这种“旋转”时所需要的向心力量被团结在一起。当人们谈及万有引力，就一定离不开相对论，后者又被分为狭义相对论和广义相对论。1905 年爱因斯坦提出狭义相对论，它帮助人类进一步深化了对时间和空间的认识，此处有一个颇为有趣的“双生子佯谬”我们应该了解一下。具体来说，一对孪生子，一个人要去距离我们 4.3 光年的比邻星旅行，他搭乘火箭以接近光速的速度出发，那么他在火箭上度过 7 年的同时，他兄弟在地球上实际已经过了 12 年——因为没有参与同一趟时空旅行，平白老了 5 岁。同样的道理，我们从地球到银河系中心，如果整个行程一直要以 2 倍的重力加速度去加速和减速，那么火箭上的 40 年时间换到地球实际就是已经过了 6 万年。

此后，爱因斯坦在 1915 年又提出了广义相对论。这一理论用大物理学家惠勒的话总结就是“物质告诉时空如何弯曲，而时空告诉物质如何运动”，可以说，它的提出帮助人类更进一步看清了时间和空间的本质。

探秘“星起源”——什么是宇宙？谁在决定它的未来？

那么，什么是宇宙呢？实际上，宇宙就是时间、空间和物质的总称。广义相对论里，探讨时间和空间跟探讨物质本质实则是同一问题。

提出广义相对论之后，爱因斯坦就给出了“有限无边的静态宇宙”的模型。在他看来，“我们宇宙过去是这样的，现在是这样的，未来也将永远保持这样”，只有这样才符合永恒的宇宙观。在这个“永恒宇宙”模型里，宇宙是“有限无边”的——比如说这里有一个圆环，它就是有“有限长度”但“无边”的一维结构。

然而，随着 1929 年天文学家哈勃发现了哈勃定律，这样一个“永恒宇宙”的理论就被推翻了，取而代之的是一个新的“宇宙膨胀”模型。

哈勃定律告诉我们，所有的天体实际上都是在不断远离我们的，我们站在宇宙回看太阳系的话，就像看一个不断膨胀的西瓜上趴着的一只二维蚂蚁。如果表面的蚂蚁很多，你就会发现每一只蚂蚁都在西瓜膨胀的过程中不断地互相远离。受哈勃定律的启示，1948 年盖莫夫又提出了大爆炸宇宙学，使人类对宇宙的认识更深了一步。

那么,宇宙的未来会怎样呢？是在“一直膨胀”“加速膨胀”和“稳定膨胀”中三选一，还是反其道而行之，突然来个大塌缩？遗憾的是，人类至今仍无法回答这个问题，但我们可以确信的是，宇宙的命运将取决于这些构成它的主要物质的属性。

我们一直说世界由物质构成，这个概念放到宇宙学里就被叫普通“重子物质”。随着人类对宇宙的理解进一步增加，除了重子物质，我们又提出了暗物质和暗能量的概念，发现这两个概念的过程也很有趣。

很久以前，人们认为，随着离星系中心的距离不断变远，银河系恒星的速度分布应该在达到一个高峰后就开始明显下降，但实际观测到的结果却并非如此。基于此，科学家认为，在星系的尺度上，除了那些重子物质之外，一定还存在着一种神秘的、不发光的物质，即暗物质。再进一步，在宇宙的尺度上，就一定还有一种比暗物质更复杂、更难以琢磨的能量存在，也就是俗称的暗能量——一种占据宇宙物质近 70% 的能量。

这是如何发现的？还是要感谢观测：科学家们在观测中发现，宇宙不仅在膨胀，而且是在加速膨胀。那么，一定有着某种物质产生了负压强，当负压强在整个宇宙的尺度上起作用时，才会导致宇宙不断加速膨胀。

依靠“星力量”——保证宇宙有序存在的万有引力

从苹果砸到牛顿脑袋那一刻开始，人类就在孜孜不断地研究万有引力。

1609 年，开普勒提出第一定律和第二定律。彼时日心说已取代地心说被人们广泛接受了，而开普勒在老师第谷的海量观测中发现，所有的行星都在围绕太阳转，且这个轨道都是椭圆形的，太阳在这个椭圆的一个焦点上。十年后，他又升级提出了开普勒第三定律，说太阳系里所有的行星围绕太阳运动的周期，和行星绕着太阳轨道的半长轴之间都存在着一定的关系，如果粗略地把它看作是圆周运动的话，就是这个圆周运动的半径和行星运动的周期存在着一定的关系。

基于开普勒三大定律，牛顿这才在 1687 年提出了万有引力定律。他指出，任何两个物体之间都存在相互作用，而这种相互作用的引力和这两个物体的质量成正比，和它们的距离平方成反比。这个存在于我们宇宙当中任何物体之间的力就叫万有引力。

行星之所以能够绕着太阳运动，靠的是万有引力，宇宙中的暗物质、中子星和黑洞，甚至我们整个宇宙的诞生和整个星系的维系，靠的也是万有引力。换而言之，确保宇宙能有序存在的“星力量”就是无处不在的万有引力定律，它主宰着宇宙的产生、演化和发展。

这么看，开普勒和牛顿是不是很伟大？是的，但除了他们，还有一个人我们不应该忘记——伽利略。

俗话说，因为有了物理学，人类才对整个宇宙有了最基本的认识，而只要一提经典物理学，就不能不提伽利略，因为他提出了一个最基本的科学方法——尊重实验和尊重测量。此外，在理论上他还提出了惯性定律、相对性原理和自由落体定律。他认为，力是改变物体运动状态的原因，如果没有任何力的作用，物体就会保持静止或者匀速直线运动。此外，他还有两本著作《关于两门新科学的对话》和《关于托勒密和哥白尼两大世界体系的对话》，着重强调了日心说和地心说的辩证关系。继开普勒和牛顿之后，爱因斯坦在 20 世纪末 21 世纪初又提出了狭义相对论和广义相对论。

在此之前，牛顿认为空间是均匀各向同性的，是三维的，时间是均匀流逝的，但爱因斯坦之后，我们对时间和空间的认识有了本质的变化。现在，人类已经将万有引力理论和广义相对论融会贯通，认识到了引力其实不是“力”而是时空弯曲的表现，时空和物质是紧密联系在一起的，而时空是弯曲的这样一个概念。

逃离太阳系——流浪地球的可能性有多大？

《流浪地球》这个 IP 的故事这几年很火，它讲的是当太阳即将走到生命尽头时，人类为了生存必须要逃离太阳，开启“流浪地球”这个自救计划。可是，为什么我们必须逃离太阳呢？那是因为，进入“晚年”后，太阳就会变得非常危险。

一般来说，像太阳这样的一颗恒星，它的主要构成是氢，剩下的才是氦。在青壮年时期，它表面的氢每天都在不停地聚变成氦，不断产生着巨大的能量，也正是这些不断产生的光和热，才使地球有了出现生命的可能。但是当太阳进入晚年后，一切就没有这么美好了：由于氢聚变几近完成，太阳的主要成分就变成了氦，由氦聚变成碳的这一过程又会产生剧烈的膨胀，在短时间内会释放出巨大的能量。

一方面，释放出的巨大能量会让太阳迅速膨胀，如今太阳年龄大约为50亿岁，等到它100亿年时，半径可能会变成现在的200倍，最终导致太阳直接“胖”得能触及地球如今所处的轨道位置；另一方面，太阳释放的热量在增加，这种高温也会让地球的日子变得不好过。

鉴于此，不想坐以待毙的人类想利用火箭的原理帮助地球摆脱太阳的引力，把地球“发射”到4.2光年外的比邻星上去，到那儿重新开始生活。这个想法很好，但落实起来很难，因为火箭的质量和地球完全不可比，发射两样物体的难度也绝非同一级别。

之前我们提过，太阳系里99.86%的质量都集中在太阳身上，这导致地球想摆脱太阳的巨大引力并不容易。为此,《流浪地球》给了一种逃生办法——借助木星的公转速度，靠它的引力给地球加速来实现逃亡。那么“流浪地球”计划的可行性有多大呢？时间上，如果人类想逃离太阳系,《流浪地球》告诉我们可能需要花费2500年、近100代人的时间。具体来说，整个逃亡计划至少要分为5个步骤：刹车时代——让自转的地球停下来；逃逸时代——给地球装上火箭；反推它逃离太阳系。完成以上两步，地球才算是正式进入了流浪时代。在地球流浪向比邻星的旅途差不多到一半儿时，我们就要开始为地球减速了，此后，我们还需要找到一个新的安全轨道“融入”比邻星。至此，地球这才算真正进入了新太阳时代。想完成这些，人类面临着很多挑战。例如，能助推地球的火箭得长成什么样？对此,《流浪地球》描绘了一种重聚变发动机——比珠穆朗玛峰还高2.2公里的超强助推器。此外，它还提到了一种争议颇大的理论，即利用木星引力给地球加速。其实，这个办法并非不可能，甚至人类已经证实了它的可行性，但这个方法同时也很危险。

简单来讲，因为木星质量大，当流亡中的地球离它太近的时候，木星对地球的引力场会变强，而当它远离木星时引力场又会变弱，在这种情况下，作为地球就有可能被撕裂。考虑到地球自身对自己也有吸引力，如果这种力的互相扯拽达到了极限，地球就可能会被撕成片，最终被木星吸过去，压缩为木星的一部分。

在宇宙面前，人类是渺小的，但科学却给了我们一双更明亮的眼睛，让我们更好地认识宇宙、认识自己。正因如此，希望大家都能热爱科学、尊重科学，在未来参与到科学技术的革新与创造中来。

人类离再次登月还有多远

“坐地日行八万里，巡天遥看一千河。”飞离地球、遨游太空是中华民族很久以来的梦想。2007 年 10 月 24 日，“嫦娥一号”承载着中华民族千年飞天梦开始了宇宙之行，由此拉开了我国探月工程的时代序曲。2019 年 1 月 3 日，嫦娥四号探测器自主着陆在月球背面，实现人类探测器首次在月球背面软着陆，由此人类进一步揭示了月球的奥秘。

吴 季

中国科学院空间科学先导专项Ⅰ期负责人、中国空间科学学会理事长、国际宇航科学院（IAA）院士

人类探索和进入太空的历史回顾

在人类探索和进入太空的里程中，国际公认的三大航天科学的先驱分别是俄国的齐奥尔科夫斯基、美国的戈达德和德国的冯·布劳恩。

1903 年，俄国伟大的科学家齐奥尔科夫斯基在论文中提出了著名的“火箭公式”，论证了用火箭发射航天器的可行性，对宇航科学具有非常重要的奠基作用。他提出了多级火箭的设想，阐述了人类克服地球引力所必须获得的速度。（第一宇宙速度，也叫环绕速度，7.9 公里 / 秒，达到此速度就可以绕地球运动。第二宇宙速度，11.2 公里 / 秒，超过这一速度，飞行器将脱离地球的束缚，可飞到其他行星上或绕日运动。第三宇宙速度，16.7 公里 / 秒，达到这一速度，飞行器就可以摆脱太阳引力，飞到太阳系以外的空间中去）

利用齐奥尔科夫斯基有关“第一宇宙速度”以及最高效的燃料是化学燃料的理论，美国科学家戈达德在 1926 年首次用液体化学燃料做了一个小的太空火箭。虽然经过几次实验，飞行高度到达了几千米，但这仍是人类第一次探索太空的尝试。

而真正为现在所有的空间运载火箭做出重要贡献的是一位德国科学家，叫冯·布劳恩。在第二次世界大战期间，他是德国著名的火箭专家，对 V-1 和 V-2 火箭的诞生起到了关键性作用，奠定了现代液体火箭发动机的基础。

有了火箭后，人类就有能力进入太空。1961 年 4 月 12 日，苏联载人飞船“东方”号发射成功，宇航员加加林成为在太空遨游的第一人。“东方”号航天飞船绕地球飞行一周后返回地面，这是人类第一次离开地球进入太空。这在当时是前所未有的创举，引起了全世界的轰动，开启了人类探索太空的新纪元，也让科幻作品中的一些想象成了现实。

从 1961 年到 1972 年，美国组织实施了一系列载人登月飞行任务，即阿波罗计划。这一计划历时 11 年，9 次飞抵月球，6 次成功登月，耗资 255 亿美元。在工程高峰时期，参加工程的有 2 万家企业、200 多所大学和 80 多个科研机构，总人数超过 30 万人。

1969 年 7 月 20 日，阿波罗 11 号跨越 38 万公里的征程着陆在月球表面，美国宇航员尼尔·奥尔登·阿姆斯特朗和巴兹·奥尔德林成为首次登上月球的人类。这两位宇航员在月面上行走近两个小时，收集岩石、土壤并设置了实验设备。阿姆斯特朗在登月之后说：“这是我个人的一小步，却是人类一大步！”

4 个月后，阿波罗 12 号在风暴洋登陆，证明了精准着陆的能力。美国宇航员皮特·康拉德和艾伦·宾带回了 34 千克的样本，并安置了一个核热源为探测仪器提供电力。

阿波罗 13 号因为氧气罐爆炸没能登月，三名宇航员安全返回地球。1971 年 2 月

5 日，阿波罗 14 号运用了新的登月舱和装备运输车，在弗拉毛罗火山口附近着陆，目的是搜集月球深处被冲击出来的岩石。

1971 年 7 月 30 日，阿波罗 15 号首次使用了月球车。与前几次任务相比，阿波罗 15 号航天员在月球上停留时间更久，科学研究也更深入。

1972 年 4 月 21 日，阿波罗 16 号第五次载人登月，在月面停留了三天，月球车行走了近 30 公里。两位宇航员查尔斯 · 杜克和肯 · 马丁利部署了首个天文望远镜，他们测量到月球岩石仍有残留磁场。

1972 年 12 月 10 日，最后一次成功的载人登月任务是阿波罗 17 号。地质学家杰克·施密特和尤金·塞尔南用了 3 天时间全面探索了利特罗山谷，进行了新的表面实验，又有了新的惊人发现，他们发现了来自 36 亿年前的橙色火山灰和来自 39 亿年前澄海的角砾岩。通过这个发现可以得出这样一个结论：熔岩在月球上至少蔓延了 7 亿年。

美国阿波罗计划在冷战背景和政治目标的驱动下，完成了人类首次登月的壮举，但是 50 年过去了，我们只是在 400 公里的近地轨道开展空间探索。美国天空实验室（Skylab）是 1973 年至 1979 年美国宇航局（NASA）进行的首次空间站计划。俄罗斯的和平号空间站是苏联建造的一个轨道空间站，它是人类首个可长期居住的空间研究中心。自和平号空间站诞生之日起，共在轨道上运行了 15 载，大大超过了 5 年的设计寿命。它绕地球飞行 8 万多圈，行程 35 亿公里，进行了 2.2 万次科学实验，完成了 23 项国际科学考察计划。此外，以美国、俄罗斯为首的国际空间站长期以来致力于科学研究及太空资源的开发，为人类提供了一个长期在太空轨道上探测地球及天文的机会，预计到 2024 年退役。届时预计在 2022 年建成的中国空间站将成为太空唯一在轨运行的空间站。

总的来看，人类的空间时代得益于空间技术和理论的突破，包括第一宇宙速度、V2 火箭和导弹等。自人类最后一次登月后，近 50 年来，无论是人类载人航天活动、天空实验室、和平号空间站、国际空间站，还是中国的神舟和天宫实验室等，人类再未突破 400km 高的近地轨道。

人类登上月球已经 50 年了，为何未迈得更远？

我们现在距离第一次人类登上月球已经过去了 50 年，人类的科技取得了飞速发展，为什么我们没有再迈得更远？首先，航天技术从一开始就与政治、军事紧密相连。世界最早投入实战使用的 V-2 火箭是由冯 · 布劳恩在二战期间主持设计制造的，它是现代火箭的原型。美国“回纹针行动”中程弹道导弹研发计划就是在 V-2 设计思想的基础上研制“红石”和“丘比特”中程弹道导弹。航天技术成为政治体制的博弈工具，美苏两大政治阵营冷战期间形成航天对峙。

1957 年 10 月，苏联成功发射人类首颗人造卫星 Sputnik，从此人类进入空间时代。3 个月后，1958 年 1 月，美国发射 Explorer-1 号卫星，首次发现范艾伦辐射带。美国 NASA 于 1958 年成立，成立的目标就是不能让苏联发射第一颗人造卫星这样的事情再次发生。1961 年肯尼迪总统宣布，要在 1970 年之前，将美国人送上月球并安全返回。

对比冷战时期美苏太空争霸的标志性成果可以看到，苏联的势头在逐渐减弱，美国逐渐在冷战后期取得了胜利。苏联首先发射第一颗人造卫星，实现第一次载人飞行，第一次把女宇航员送到太空，第一次出舱活动，第一次无人探月，第一次金星探测等。后来美国居上，完成了第一次火星探测，第一次载人登月，第一次木星、土星探测等。当时，这种由政治和国防驱动的航天工业，在世界各国都出现了不同程度的复制。

20 世纪六七十年代，航天科技是中国获得国际话语权的重要支撑，中国成为继美苏之后第三世界领袖。1970 年 4 月 24 日，我国发射中国首颗人造卫星——东方红一号。之后，我国很多航天计划主要用于国防，保卫自己的国家。至今，一些经济体量较小的国家，包括伊朗、朝鲜等发射卫星的目的也是要获得国际上的话语权。

实际上，航天科技从诞生开始，其属性就与国防、军工，以及科学探索牢牢地绑在了一起，属于由政府投资的特殊领域。航天科技是国家政治地位和话语权的主要支撑，是国家国防军工工业的主要力量，是国家前沿科学探索能力的主要代表，是国家高科技创新能力的主要窗口。

航天科技具有责任重大、要求零失误的特点，因而难以避免地会出现大量冗余设计以及大量重复试验。和阿波罗计划时期相比，美国目前在航天科技领域的人员趋于老龄化，政府订货也形成了非市场机制的价格垄断。目前各个国家的政府航天市场已经陷入成本高的怪圈，即越强调可靠性，研制周期越长，研制周期越长，成本就越高，成本越高就越不能失败，从而再次强调可靠性，由此进入了一个怪圈。

人类离再次登月还有多远

中国人对月球有非常深厚的感情，两三千年前，古代就有嫦娥奔月的故事，月宫、玉兔和桂花酒是那样的美好。月球文化也体现在诗词里，一些文人看到月相、天象都会激发出他们很多丰富的想象。

但这些都是人类关于月球的梦想。阿波罗完成登月后，我们人类登月的梦想就算实现了吗？也许有人说那只是美国人登月了。那么如果未来中国的宇航员登上月球了，中国人的登月梦想就实现了吗？

答案似乎也不是。俄罗斯航天之父齐奥尔科夫斯基说过一句名言：地球是人类的摇篮，但是人类不可能永远生活在摇篮中！因此我们人类的梦想应该是：普通人也能够走出地球，进入太空，而不仅仅是国家项目支持的几个宇航员去一次、两次。

航天活动在近期的发展已经证明，不仅仅是政府需要航天科技，普通的百姓也需要它，比如太空旅游。一旦人类的太空旅游实现了，就会使得不仅仅是几个宇航员，而是大量的普通民众也有了进入太空的机会。也只有到那时，人类才算真正走出了地球摇篮。

那么备受关注的商业航天是如何获得如此保密的、具有军民双重用途的航天高新技术的呢？一是他们有自己的创新，大量使用廉价的商业元器件；二是他们大量吸收来自体制内的专业技术人员，购买政府专利；三是他们发展自己的创新技术，比如立方星就是完全由商业公司自主研发的新技术产品；四是发展政府作为用户以外的新市场，形成可持续的发展动力。

载人太空旅游，包括月球旅游，是新航天中最具发展前景的领域。预计近期会在邻近空间和近地轨道出现突破，形成巨大的市场规模。月球旅游可能是未来能够改变人类的最重要的领域，也会对商业航天市场带来革命性的变革。

我们离月球旅游还有多远？如果要去月球旅游的话，还有一些技术问题要解决。比如月地高速通信、月面能源提取、月夜能源等。目前，玉兔一号、玉兔二号，以及嫦娥三号、四号着陆器都会在月夜关闭，进入休眠期。月夜长达 14 天，对太空旅游来说，必须解决月夜能源的问题，这不光是运行成本问题，还因为只有在月夜期间，才能获得最好的回望地球的机会，也就是观看如同在地球上看“满月”一样地看到“满地”。

在降低运输成本方面，地球载人飞船起飞时采用可重复使用火箭，返回时采用返回舱式的 6 人座小飞船，构建地面和地球轨道中转站的运输能力。因为月球上没有大气，月面着陆和起飞舱可以重复使用。而运输系统的燃料，可在月球表面生产。

在度过漫长月夜问题上，可利用小型核电站、轨道太阳能电站、就地化学能发电等技术解决。此外，要解决 38 万公里的高速通信的问题，最好的办法是运用激光加微波通信的方式。目前的地月微波通信速率仅有 2 ~ 20Mbps，远不能满足未来月球旅游的需求。微波可以解决地球大气层阻隔的问题，而激光可以解决长距离高速的问题，把这两个结合起来就可以解决 38 万公里的高速通信问题。

此外，最重要的是要在月球上居住，人类需要有一个封闭式的生命和生态保障系统。月面环境严酷，月日阳光下温度可达 150℃，月夜温度可达 -150℃。月面没有大气，需要有生命支持系统，人才能够生存与活动。

如今，人类重返月球的所有技术储备都接近或已经就绪，且远超 1960 年阿波罗计划时的能力。中国自 2015 年政府对民资、民企开放航天市场后，商业性质的航天企业已经超过 200 家。今后，随着发射成本和其他载人航天成本的逐渐降低，预计在未来 10 年会达到一般中产阶级可以支付的水平。因此我们距离再次重返月球的日子已经不太远了，特别是在未来 10 ~15 年，普通人前往月球旅游的梦想将可能成为现实！

我们到火星去干什么？院士教你培养好奇心

中国火星探测器“天问一号”已经抵达火星，“祝融号”火星车也成功登陆火星，并开展了一系列火星探测活动。我们为什么去火星？去火星干什么？火星着陆点如何选择？关于火星，你还能提出什么问题？

赵文津
中国工程院院士、
中国地质科学院研究员

火星是一个神秘的星球

在10月底的夜空东南角，我们都可以看到一个红色星球，和月球紧挨着，这个就是火星。

火星跟地球一样，是太阳系的八大行星之一，属于类地行星，也是人类可以探索的、距离地球较近的行星之一，所以探测火星更有意义。火星的半径是3380公里，比地球的半径要小很多。公转一周需要687天，火星表面重力仅仅相当于地球的39%。火星上大气稀薄，表面大气压相当于0.6%地球大气压。火星有两个卫星，火卫一和火卫二。

由于我们用肉眼就可以观测到火星这颗红色星球，所以很早之前人们对火星就产生了很多联想，比如说，它具体是什么样？上面有没有生物？跟地球有什么关系？西方人称火星为“战神”玛尔斯星。在中国古代，我们把它看作是一个吉凶祸福的象征。

现在，我们进行火星探测主要围绕八个方面：火星地形地貌、火星地表岩石矿物、火星的行星物理场、探测深部结构和了解地下热流、水冰探测、大气、寻找可能的生命痕迹和条件，最后研究它的变化规律和机理。

基于科研人员数十年的探测数据和影像，人们已对火星的基本地形地貌、地质构造、表面及次表面岩石矿物、磁场、重力场、大气成分及变化等方面有了初步的认识。

比如，火星地貌最突出的特点是南北半球的强烈对比：北方是低矮平原，南方则是充满陨石坑的古老高地，最大盆地为Borealis盆地，直径达1900千米；赤道附近有太阳系最大的火山奥林匹斯盾形火山区、水手大峡谷、萨希斯火山群；南北极有以干冰和水冰组成并呈旋扭形状的极冠；整个星球表面由风作用的沙丘地貌、侵蚀沉积地貌和流体冲刷沉积地貌组成。

火星的火山和地球上的不太一样，除了重力较小使盾形火山能长得很高不易崩塌之外，因缺乏明显的板块运动，火星内部的热量只能集中以火山形式释放，熔岩的不断堆积也使火山越来越高。海拔约22千米的火星最高峰——奥林匹斯盾形火山就是由于大量熔岩喷发堆积而形成的。

海盗号探测器、凤凰号、火星探测漫游者和好奇号都发现了高氯酸盐。这种物质在火星全球都有分布，在火星土壤中非常普遍。“凤凰号”采集的样品中高氯酸盐的含量在0.4% ~ 0.6%。

火星的地形地貌很有特色，主要有南部高地和北部低地、火山、裂谷、平原、盆地和撞击坑、沙丘、冲积扇等形式。其中，最大的北极的 Borealis 盆地的直径 1900 公里，覆盖了火星表面积的 40%，相当于欧洲、亚洲、澳洲的总面积，可能是太阳系最大的撞击盆地。

当然，这颗红色星球的更多奥秘还并不为人所知，还需要我们深入研究。

2020 年迎来火星探测发射窗口期

2020 年 7 月份，我们迎来火星探测发射的最佳时机，也就是窗口期。火星这个时候距离地球最近，飞往火星最节省燃料。

此时，地球和太阳的连线与火星和太阳的连线呈 44 度夹角，这时从地面上发射探测器加速度到第二宇宙速度，就可以离开地球的引力场，进入一个椭圆形的地火转移轨道——雷曼转移轨道。之后，沿着雷曼转移轨道的长轴飞行，火星探测器就可以进入火星轨道。

2020 年 7 月 20 日，阿联酋发射的是“希望号”;7 月 23 日，中国发射了“天问一号”火星探测器；7 月 31 日，美国发射了“毅力号”火星探测器。

阿联酋的“希望号”主要是重点研究火星大气一年期间的动态，该国邀请美国的大学做了三台研究大气的仪器，然后请日本用火箭发射。他们希望通过火星大气的变化来研究火星的沙尘暴和地球中东沙漠地区的沙尘暴有什么区别与联系。“希望号”还特别研究了水在火星大气里头散失的情况。

中国首个火星探测器“天问一号”的主要任务有：一是寻找过去生命存在的证据；第二个任务是制作火星的一个地表图，地表图就是地形加上火星上的各种物质；第三个就是对火星土壤成分进行研究；第四是研究水冰的分布；第五是检测火星大气，尤其是电离层及表面气候与环境特征。

美国的“毅力号”着陆点是在火星的杰泽罗陨石坑，它重点研究生物存在的一些条件、痕迹；同时，对火星岩石钻样和搜集土壤样品；第三个就是利用火星大气中的二氧化碳来制造氧气，为人类登陆做准备。

根据统计，人类对于火星的探测始于 20 世纪 60 年代初，到目前为止，人类对火星的探测活动已经进行了 47 次，成功了 22 次。俄罗斯是 20 次，成功了 3 次，成功率比较低。美国是 21 次，成功了 16 次。欧空局 3 次，成功了 2 次。日本 1 次。印度 1 次。

2011 年，我国的“萤火一号”火星探测器计划搭乘俄罗斯火箭的便车前往火星，结果不幸失败。可以看出来，发射火星探测器最重要的就是大火箭和测控技术，再者就是通信技术。

火星车巡视探测成功4次，分别是美国索杰纳火星车(1996)、美国“精神号”(2003)、美国“机遇号”(2003)、美国“好奇号”(2011)。定点探测成功6次，分别是苏联“火星3号”(1971)、美国“海盗1号”(1975)和“海盗2号”(1975)、美国火星“探路者号”(1991)、美国“凤凰号”(2007)、美国“洞察号”(2018)。

从只有微波炉大小的火星“探路者号”1997年首次登陆火星，到2004年“勇气号”和“机遇号”先后抵达火星，再到2011年11月26日有着“有史以来最先进的地质学机器人”之称、与陆虎汽车大小一样的“好奇号”火星探测器发射升空，美国迄今已经派出三代火星车去这颗红色星球探索了。

如何选择火星探测器登陆点?

火星探测器登陆点的选择首先与其要完成的科学任务相关。美国的“毅力号”任务目标是了解火星上是否曾经存在过生命，所以选择在杰泽罗陨石坑降落。

杰泽罗陨石坑的形成源自一个陨石撞上了火星。这个地方聚集了古老火星历史中大量沉积形成的水成沉积物，可以了解火星古老环境、水量大小以及寻找可能存在的生命遗迹。

在已成功登陆的火星探测器中，“凤凰号”降落在靠近北极的地方，并首先在北极的次表层发现了水冰；“海盗2号”选择在北纬50°附近着陆，在火星表面直接开展土壤、岩石样品分析，不仅发现火星上存在大量的玄武岩和硫酸盐类矿物，还发现火星历史上曾存在大量水。

“好奇号”和“洞察号”的着陆点都在艾丽斯米火山南部的赤道附近的盖尔坑，“好奇号”发现了硫、氮、氧、磷、碳等生命必要元素以及古代河流的证据；“洞察号”重点了解了火星内部活动情况、陨石撞击频度，以及火星内部结构特征；另外，包括2台火星车在内的5台探测器则集中着陆在水手大峡谷等多个峡谷谷口的大型冲积扇地带。

我们为什么要探测火星?

探测火星是一项系统工程，其技术涉及火箭发射、测控等方面。在火箭方面，能完成火星探测任务的火箭必须具备发射十吨、二十吨载荷的能力，这么大的载荷就可以发射很多东西了。火箭发射能力直接跟国防相联系，跟国家的经济实力相联系，跟国家的科技实力相联系，它能证明我们的综合国力，提高国家的自豪感和国民的安全感，这一条很重要。

第二个意义是可以鼓励人们长期对天空提出遐思和企盼。仰望天空可以使人们更积极地关心未来，关心世界，这是我们做基础研究的一个源泉、动力。

第三就是由于深空探测发展了很多技术、设备和理论，这些转化过来可以带动新兴产业的发展。像美国探月计划的相关技术就有 3000 项被运用到民用领域，包括网络技术，新技术、新材料开发，所以这些成果是可以转化成新兴产业的。例如手提充电式吸尘器、可封口塑料袋和记忆泡沫床垫等。

第四，对比几个行星体的演化，反过来可以加深对地球环境的认识，推动我们保护地球,保护好地球的人居环境。这些也是我们反复强调的“青山绿水就是金山银山”。

第五是使人类对宇宙的认识达到一个新的境界，有助于推动行星学或宇宙学基础学科的发展，比如引力论的发现证实和进一步的应用，这是很重要的。

如何培养学生的好奇心?

保持好奇心和探索未知的意愿，这是一个民族前进的动力和未来的希望。所有基础学科的发展都基于对自然规律的不懈追求。

对于科学，最重要的是先有好奇心、提出问题，然后去寻找一些答案，这是我们认识自然的一个基本过程。绝大部分自然科学的伟大发现都是由探索规律开始的。但历史上的中国曾经对此似乎不太“鼓励”。比如，中国古代有一种竹蜻蜓，手一搓就飞起来了，我们玩了几百年、几千年，但是我们不善于去探讨，从这个现象探讨它的原理，为什么它一搓就飞起来了？其实，竹蜻蜓就是直升机的原理。

比如说喜马拉雅山,为什么地球上喜马拉雅山有世界上最高峰,它是怎么形成的?对此我们分析不够。比如说地震，地震是什么？就是地壳破裂了。为什么会破裂？它一定得有力，没有力它不会破裂。我们就要分析这个力，要学会探求原理，探求现象背后的原因，我们要不断地引导大家想问题。

而我们不善于让青年人自己去思考问题，去搜集资料寻找问题的答案。我们习惯于灌输，像数理化，数学、物理、化学都是在外国发展起来的，其实人家都是通过实践一步步总结出来的，这些学科其实是通过一个个问题的思考与解决逐渐建立起来的知识系统。

我们应该鼓励学生多提问题，然后自己找答案，而不要等着老师给答案，应该自己想办法搜集资料，分析问题。这既是一种习惯，也是一种社会风气，同时也是一种思想方法。

任何知识要学习、得检验、证实、求证。我希望年轻人多想问题，多提问题。因为我们人的精力有限，接触面有限，认识也是有限的，所以很需要年轻人多去探索。

比如说星空，火星是八大行星之一，它属于太阳系，除了八大行星，太阳系之外还有许多星体。除了星星之外还有黑洞，现在白洞又来了。再比如与波相关的有地震波、光波、电磁波，现在又出来一个引力波。事物是不断出现的，而人的认识是有限的。

仰望星空，无尽遐想，第一是要保持好奇心，勇于探索未知，这是民族前进的动力和未来的希望，所有基础学科都是在对自然规律的不懈追求下一步步发展起来的。

第二是要关心地球，关爱地球。我们进行深空探测，越了解世界，我们越觉得地球是宝贵的，目前还没有任何星球像地球这样宜居，这么适合人类，资源也很多，环境也很好，所以我们一定要爱护地球，利用好地球的资源，把人类生活过得更好。

附录

首都科学讲堂

2020 年全目录

第 629 期～第 630 期

叶盛

北京航空航天大学教授、博士生导师

北航大数据精准医疗高精尖创新中心特聘研究员

中国生物物理学会科普工作委员会秘书长

《病毒那些事儿（上下）》

第 631 期

甄橙

北京大学医学部教授、博士生导师，医史学家

《疾病故事与人类探索》

第 632 期

方在庆

中科院自然科学史研究所研究员

《与真实的爱因斯坦相遇》

第 633 期

朱定真

中国气象局公共气象服务中心气象服务首席，二级研究员

《息息相关的气候与水》

第 634 期

支修益

首都医科大学肺癌诊疗中心主任

《疫情之下如何关爱我们的肺》

第 635 期

马军

北京大学儿童青少年卫生研究所教授、中国疾病预防控制中心学校卫生中心主任

《疫情下的儿童青少年健康与返校指南》

第 636 期

高云峰

清华大学航天航空学院教授

《趣味科学游戏 DIY》

第 637 期

朱定真

中国气象局公共气象服务中心气象服务首席，二级研究员

《读懂地球表情包》

第 638 期

刘文彪

北京师范大学物理学系教授、博士生导师

《集合啦，宇宙“星”友会》

第 639 期

许联瑛

北京市东城区园林绿化管理中心教授级高级工程师

《“京华聊赠一枝春”：北京梅花史话》

第 640 期

赵志军

植物考古学家、中国社会科学院考古研究所研究员

《揭开小麦传入中国之谜》

第 641 期

李京

北京师范大学风险治理创新研究中心首席科学家，国家防灾减灾与可持续发展国际合作基地主任，国家减灾委员会专家委员会委员

《遥感：防灾减灾的天空之眼》

第 642 期

王新泉

清华大学生命学院教授、北京市结构生物学高精尖创新中心研究员、北京市生物结构前沿中心研究员

《找到新型冠状病毒打开人体的“钥匙”》

第 643 期

周传斌

中国科学院生态环境研究中心副研究员

《它到底是哪种垃圾？——垃圾分类、处理与利用的科学》

第 644 期

于乃功

北京工业大学机器人工程专业负责人，北京工业大学信息学部智能机器人研究所副所长、教授

《智能机器人的进化与产业浪潮》

第 645 期

金涌

中国工程院院士，清华大学化学工程系教授

毕啸天

清华大学化学工程系博士生、科普达人

《创新是“金”，“毕”须有你》

第 646 期

杨蕊

北京汽车博物馆党组书记、馆长，研究馆员

《车轮上的历史——百年汽车大事记》

第 647 期

高登义

中国科学院大气物理研究所研究员

《珠峰高程测绘探秘》

第 648 期

吴尊友

中国疾病预防控制中心流行病学首席专家

《新型冠状病毒肺炎新情况》

第 649 期

王安利

北京体育大学运动康复研究所所长，中国体育科学学会理事，中国运动医学专业委员会常委，亚洲排联医务代表，教育部教学研究会理事，国务院政府特殊津贴获得者

《青少年夏季锻炼指南》

第 650 期

郧文聚

自然资源部首席科学传播专家、国土整治中心副主任

《耕地红线与粮食安全》

第 651 期

王元卓

中国科学院计算技术研究所研究员、科学技术协会秘书长，中科院计算技术研究所大数据研究院院长，中国计算机学会科学普及工作委员会主任，信息技术新工科联盟大数据与智能计算工作委员会主任

《科幻电影中的科学》

第 652 期

徐颖

中国科学院空天信息创新研究院研究员、北斗导航系统科学家

《大国重器：中国为什么要研发北斗》

第 653 期 - 第 654 期

郑永春

中国科学院国家天文台研究员、行星科学家、科普作家

《人类的火星梦想与征途（上下）》

第 655 期

高孟潭

中国地震局地球物理研究所研究员、原副所长

《唐山大地震与城市地震灾害防治》

第 656 期

孟杰

北京大学物理学院教授、欧洲科学院外籍院士、九三学社社员

《宇宙中的“炼金术”》

第 657 期

朱定真

中国气象局公共气象服务中心气象服务首席，二级研究员

《南方暴雨背后的天气密码》

第 658 期

吴季

中国科学院空间科学先导专项Ⅰ期负责人，中国空间科学学会理事长，国际宇航科学院（IAA）院士，美国电子与电气工程师协会（IEEE）会士

《人类离再次登月还有多远》

第 659 期

李昕

北京天文馆科学研究部副研究员

《探索地外文明的超级望远镜》

第 660 期

甘子钊

中国科学院院士

王燕

清华大学微电子所教授

邹广才

国家新能源汽车技术创新中心副总经理

《中国芯——让智能新能源汽车乘风破浪》

第 661 期

武延军

中科院软件研究所特聘研究员、副总工程师，智能软件研究中心主任

《用中国操作系统为新基建“铸魂”》

第 662 期

高源

北京自然博物馆科普教育部副研究馆员、全国十佳科普使者

《探秘北京史前“原住民”》

第 663 期

刘嘉麒

中国科学院院士、中国科学院地质与地球物理研究所研究员

《“游山玩水”长才干》

第 664 期

崔丽娟

中国林业科学研究院副院长、国家林业和草原局湿地研究中心主任、全国湿地学科首席科学传播专家、北京湿地中心主任

《滋润生命：湿地的力量》

第 665 期

李益农

中国水利水电科学研究院水利研究所所长，博士生导师

《节水灌溉，守护粮食安全“命脉”》

第 666 期

陆林

中国科学院院士、北京大学第六医院院长、国务院应对新冠肺炎疫情联防联控机制医疗救治组专家

《后疫情时期，守护儿童青少年心理健康》

第 667 期

刘忠范

中国科学院院士、北京石墨烯研究院院长

《神奇的石墨烯材料：机遇与挑战》

第 668 期

姚燕安

北京交通大学教授、博士生导师、机器人研究中心执行副主任

《几何机器人新境界》

第 669 期

王原

中国古动物馆馆长，中国科学院古脊椎动物与古人类研究所研究员

《追寻失落的世界——揭秘中国恐龙》

第 670 期

魏科

中国科学院大气物理研究所季风系统研究中心副主任、副研究员

《环境危机：臭氧层空洞到全球变暖》

第 671 期

张柏春

中国科学院自然科学史研究所所长、国际科学史研究院院士

《中国古代发明创新与近代知识革命》

第 672 期

庄文颖

中国科学院院士、中国科学院微生物研究所研究员

赵瑞琳

国家重点研发计划项目首席科学家，中国科学院微生物研究所研究员

魏鑫丽

中国科学院微生物研究所研究员、中国科学院青年创新促进会会员

齐莎

中国科学院微生物研究所高级工程师、真菌学国家重点实验室学术秘书

《“它”改变了人类历史——漫谈真菌世界》

第 673 期

赵文津

中国工程院院士、中国地质科学院研究员

《我们到火星去干什么？院士教你培养好奇心》

第 674 期

常凯

北京量子信息科学研究院研究员，低维量子材料团队负责人

《改变世界的量子科技》

第 675 期

张子立

中国科学院电工研究所副研究员、北京工业大学兼职导师

《核电流言知多少——破除偏见，理性认知核电》

第 676 期

胡泽学

中国农业博物馆综合部主任、研究员

徐旺生

中国农业博物馆研究馆员

周晓庆

中国农业博物馆研究员

唐志强

中国农业博物馆农业历史研究部主任、研究员

《辉煌的中国古代农耕文明》